● 教、学、做一体化教材

国家示范院校重点建设专业

给排水工程技术专业课程改革系列教材

水质监测与评价

◎ 主 编 洪 林 肖中新 蒯圣龙

◎ 副主编 武 丽 高慧慧 张祥霖

◎ 主 审 满广生 李 杨

中国水利水电出版社
www.waterpub.com.cn

内 容 提 要

本教材为国家示范院校重点建设专业——给排水工程技术专业课程改革系列教材之一，依据国家示范建设专业人才培养方案和课程建设的目标与要求，按照校企专家多次研究讨论后制定的课程标准进行编写。本教材实践性强，内容丰富，包括：水质分析基础，主要水环境监测项目的分析测定，水体监测方案的制定，水样的采集与预处理，水质评价与预测，水质监测报告，综合实践，实验实训等内容。

本教材为给排水工程技术专业的教学用书，也可作为水处理相关专业和工程技术人员的参考用书。

图书在版编目（CIP）数据

水质监测与评价 / 洪林，肖中新，蒯圣龙主编. --北京：中国水利水电出版社，2010.3（2019.6重印）

（国家示范院校重点建设专业、给排水工程技术专业课程改革系列教材）

ISBN 978-7-5084-7333-8

Ⅰ. ①水… Ⅱ. ①洪… ②肖… ③蒯… Ⅲ. ①水质监测—高等学校—教材②水质分析—高等学校—教材 Ⅳ. ①X832

中国版本图书馆CIP数据核字（2010）第038524号

书　　名	国家示范院校重点建设专业 给排水工程技术专业课程改革系列教材 **水质监测与评价**
作　　者	主　编　洪　林　肖中新　蒯圣龙 副主编　武　丽　高慧慧　张祥霖 主　审　满广生　李　杨
出版发行	中国水利水电出版社 （北京市海淀区玉渊潭南路1号D座　100038） 网址：www.waterpub.com.cn E-mail：sales@waterpub.com.cn 电话：（010）68367658（营销中心）
经　　售	北京科水图书销售中心（零售） 电话：（010）88383994、63202643、68545874 全国各地新华书店和相关出版物销售网点
排　　版	中国水利水电出版社微机排版中心
印　　刷	北京市密东印刷有限公司
规　　格	184mm×260mm　16开本　11印张　261千字
版　　次	2010年3月第1版　2019年6月第4次印刷
印　　数	5001—6500册
定　　价	**32.00**元

前言

本教材是依据国家示范院校重点建设专业——给排水工程技术专业的人才培养方案和课程建设目标、要求进行编写的。

本专业的课程改革基于工作过程为导向，以项目为载体进行的。人才培养方案和课程重构建设方案由校企等多方面的专家经过多次研讨论证形成。根据课程教学基本要求，按照以学习情境代替学科为框架体系的编排结构，在教材风格上形成理论与实践相结合的鲜明特色。与以往教材对比，本教材本着适度够用的原则精简理论知识，大幅度增加操作实例，着重和突出学生实际能力的培养。

本教材由安徽水利水电职业技术学院洪林、肖中新、蒯圣龙任主编，参与编写工作的有安徽水利水电职业技术学院蒯圣龙（学习项目 1、学习项目 3），安徽水利水电职业技术学院洪林（学习项目 2、学习项目 7），阜阳市环境保护局武丽（学习项目 4、学习项目 6），安徽水利水电职业技术学院高慧慧（学习情境 5.1），安徽省环境监测中心肖中新（学习情境 5.2），安徽水利水电职业技术学院张祥霖（学习项目 8）。本教材由安徽水利水电职业技术学院满广生、李杨任主审。

在本教材编写过程中，有关院校和单位的同行对本书提出了许多宝贵意见，尤其得到了合肥供水集团公司的大力支持，在此一并表示感谢。

限于作者水平，书中难免存在欠妥之处，敬请广大读者批评指正。

编者

2010 年 1 月

目录

学习项目1 水质分析基础

学习目标： 本项目共分2个学习情境，共4个学习任务，系统地介绍了水质分析中常用的化学方法、仪器分析方法，同时简单介绍了操作过程，在学习情境1.2中阐述了实验数据的处理方法。本项目的学习要达到以下目的：

1. 了解常用的化学分析方法。

2. 能够理解不同分析方法的特点及使用范围。

3. 结合自来水厂日常的监测数据，讲述常用的数据分析内容，掌握数据选取、处理的方法和步骤，掌握数字资料的审核、分组整理、汇总。

学习情境1.1 水质分析方法

水质分析就是分析天然水、生活用水、生产用水、生活污水、生产废水等各类水体中含有哪些成分、含量是多少等。它是分析方法、分析技术在水质研究中的应用。

分析化学是专门研究物质化学组成的分析方法及有关理论的一门学科。在分析化学中，根据分析目的的要求，将分析方法分为定性分析和定量分析两大类。定性分析就是鉴定物质有哪些组成成分；定量分析就是测定物质各组成成分的含量。在具体分析工作中，首先必须了解物质的定性组成，即试样的主要成分和主要杂质，必要时要做试样的全分析，然后根据测定要求选择适当的定量分析方法。对于水质分析，一般都事先知道被分析的水样含有什么杂质，工业废水尽管成分复杂，但也可根据生产工艺、所用原材料和产品等情况预测出来。所以，除特殊情况外，水的定性分析较少采用，因此本书主要讨论定量分析的常用分析方法。

根据分析方法的原理及特点，一般将水质分析的定量分析方法分为化学分析和仪器分析两大类。

1.1.1 化学分析法

以物质的化学反应为基础的分析方法称为化学分析法。化学分析法历史悠久，是分析化学的基础，也称为经典化学分析法。其主要有滴定分析法和重量分析法。

1. 滴定分析法

滴定分析法又称容量分析法，这种方法是将一种已知准确浓度的试剂溶液滴加到被测物质的溶液中，直到所加的试剂与被测物质按化学计量关系定量反应完为止，再根据试剂溶液的浓度和用量计算被测物质的含量。

已知准确浓度的试剂溶液称为标准溶液（滴定剂），将滴定剂滴加到被测物质溶液中的过程，叫“滴定”。当加入的滴定剂与被测物质正好按化学计量关系定量反应完时，称为滴定的“化学计量点”（理论终点）。

在实际滴定过程中，利用指示剂在“化学计量点”附近发生颜色突变来确定“滴定终点”。由于指示剂并不一定恰好在“化学计量点”时变色，那么“滴定终点”与“化学计量点”之间可能会存在着一个很小的差别，由此而造成的分析误差称为“滴定误差”，但是如果选择合适的指示剂，该误差是可以忽略的。

滴定分析法常用来测定一些常量组分，即被测组分的含量一般在1%以上，有时也可以测定微量组分。滴定分析法的准确度较高，一般测定时的相对误差在0.2%左右，而且所需的仪器设备简单、操作简便、测定快速。因此在水质分析中被广泛采用，成为水质分析最基本的分析方法之一。

(1) 滴定分析方法的分类。化学分析方法是以化学反应为基础的，滴定分析是化学分析法中一类重要的分析方法。根据所利用的化学反应类型不同，滴定分析分为四种：

1) 酸碱滴定法。常用强酸、强碱做滴定剂来测定酸、碱以及能与酸、碱发生反应的物质的含量。

2) 配位滴定法。利用配位反应进行滴定的方法，常用乙二胺四乙酸（EDTA）为滴定剂来测定金属离子，最后产物为配合物。

3) 沉淀滴定法。利用沉淀反应进行滴定的方法，这类滴定中有沉底产生，可用以测定 Ag^{+}、CN^{-}、SCN^{-}及卤素等离子。

4) 氧化还原滴定法。利用氧化还原反应进行滴定的方法，其中包括高锰酸钾法、重铬酸钾法和碘量法等，可用于对具有氧化还原性质的物质和某些不具备氧化还原性质的物质进行测定。

(2) 适合滴定分析的化学反应必须具备的条件。为了保证滴定分析的准确度，适合滴定分析的化学反应必须具备以下4个条件：

1) 滴定剂和被滴定物质必须按一定的计量关系进行反应。

2) 反应要接近完全，即反应的平衡常数要足够大。

3) 反应速度要快，只有反应在瞬间完成，才能准确地把握滴定终点。

4) 能用比较简单的方法确定滴定终点。

2. 基准物质和标准溶液

滴定分析中离不开标准溶液，否则无法计算分析结果。因此，正确地配制标准溶液，准确地标定标准溶液的浓度，妥善地保存标准溶液，对于提高滴定分析的准确度具有重要的意义。

(1) 基准物质。能用于直接配制或标定标准溶液的物质，称为基准物质或标准物质。作为基准物质，应符合下列4个条件：

1) 纯度高，杂质的含量应低于滴定分析所允许的误差限度。

2) 组成恒定，组成与化学式完全相符，若含结晶水，其含量也应与化学式完全相同。

3) 性质稳定，保存时应该稳定，加热干燥时不挥发、不分解，称量时不吸收空气中的水分和二氧化碳。

4) 具有较大的摩尔质量，这样称量时相对误差较小。

(2) 常用的基准物质。常用的基准物质主要有纯金属和纯化合物。

用于酸碱滴定的有：十水合碳酸钠（$Na_2CO_3 \cdot 10H_2O$）、硼砂（$Na_2B_4O_7 \cdot 10H_2O$）、草酸（$H_2C_2O_4 \cdot 2H_2O$）、邻苯二甲酸氢钾（$KHC_8H_4O_4$）等。

用于络合滴定的有：金属锌、碳酸钙（$CaCO_3$）。

用于沉淀滴定的有：硝酸银、氯化钠。

用于氧化还原滴定的有：重铬酸钾（$K_2Cr_2O_7$）、草酸（$H_2C_2O_4 \cdot 2H_2O$）或草酸钠（$Na_2C_2O_4$）、金属铜以及溴酸钾等。

（3）标准溶液的配制。标准溶液是指：已知准确浓度的试剂溶液。标准溶液的配制方法如下：

1）直接法。准确称取一定量的基准物质，用蒸馏水溶解后定量转移到容量瓶中，摇匀后即成准确浓度的标准溶液。

只能用于基准物质，溶液的浓度根据所称基准物质的量和容量瓶的体积计算。

2）间接法。先用台秤、烧杯、量筒等粗略地称取一定量的物质或量取一定体积的溶液，配制成接近所需浓度的溶液。然后用基准物质或另一种标准溶液来测定它的准确浓度。这种测定溶液准确浓度的操作过程称为标定。例如配制 NaOH 标准溶液，可以先配成近似浓度，再用该溶液滴定准确称量的邻苯二甲酸氢钾，根据 NaOH 溶液的用量和邻苯二甲酸氢钾的重量计算出 NaOH 标准溶液的准确浓度。

（4）标准溶液浓度表示法。

1）物质的量浓度。物质的量浓度简称浓度，是指单位体积溶液中所含溶质的物质的量。物质的量浓度 c 的国际单位为 mol/m^3，单位名称为摩每立方米。由于该单位太大，在化学中常用的单位符号为 mol/L，即摩每升。在使用该浓度时也必须指明基本单元，应将代表基本单元的化学符号写在圆括号内。

2）滴定度。在实际工作中，例如工厂实验室经常需要对大量试样测定其中同一组分的含量。在这种情况下，常用滴定度来表示标准溶液的浓度，这样，对计算待测组分的含量就比较方便，只要把滴定时所用标准溶液的毫升数乘以滴定度，就可得到被测物质的含量。

滴定度是指 1mL 标准溶液相当于被测物质的质量（单位为 g 或 mg），以符号 T 表示。

3. 重量分析法

重量分析法是通过一系列的操作步骤（如反应、沉淀、过滤、烘干、恒重等）使样品中的待测组分转化为另一种纯粹的、固定化学组成的化合物，再通过称量该化合物的质量从而计算出待测组分的含量。重量分析法一般适合于高含量或中含量组分的测定，准确度比较高，常作为一些测定的仲裁方法，但由于分析过程繁琐、费时间、分析速度较慢，所以在水质常规分析中实际应用不多。

1.1.2 仪器分析法

通过使用复杂或特殊的仪器设备测试物质的某些物理或物理化学性质来进行分析的方法叫仪器分析法，也称为物理或物理化学分析法。仪器分析法是从化学分析法发展变化而来的，起步较晚，在某些方面两种分析方法也没有绝对的界限（如：目视比色法、分光光度法，有人把它归类于化学分析，有人归类于仪器分析；有些仪器分析法的样品前期处理仍是化学分析法范畴），但经过近几十年的迅速发展，仪器分析法越来越成熟，确有其独特的地方，有的方法还成为水质分析的最常用方法及标准方法，而取代化学分析法。

1. 仪器分析法的种类

关于仪器分析法有多种分类方法，一般都是依据测定方法的原理分为：光学分析法、电化学分析法、色谱分析法及其他分析法。

大、不能利用的现象，造成大量人力、物力和财力的浪费。

水质监测质量控制是水质监测中十分重要的技术工作和管理工作。质量控制，是一种保证监测数据准确可靠的方法，也是科学管理实验室和监测系统的有效措施，它可以保证数据质量，使不同操作人员、不同实验室所提供的监测数据建立在可靠、有用的基础之上。水质监测质量控制是整个监测过程的全面质量管理，包括制订计划；根据需要和可能确定监测指标及数据的质量要求；规定相应的分析监测系统。其主要内容有采样、样品预处理、贮存、运输、实验室供应，仪器设备、器皿的选择和校准，试剂、溶剂和基准物质的选用，统一测定方法，质量控制程序，数据的记录和整理，各类人员的要求和技术培训，实验室的清洁度和安全，以及编写有关的文件、指南和手册等。

水质监测质量控制主要有实验室内部质量控制和外部质量控制（实验室间质量控制）两个部分。实验室内部质量控制是实验室自我控制质量的常规程序，它能反映监测分析过程中质量稳定性情况，以便及时发现分析中出现的异常，随时采取相应的校正措施。其内容包括空白试验、校准曲线核查、仪器设备的定期标定、平行样分析、加标样分析、密码样分析和编制质量控制图等。外部质量控制通常是由常规监测以外的中心监测站或其他有经验人员来检查各实验室是否存在系统误差，以便对数据质量进行独立评价，各实验室可以从中发现所存在的系统误差等问题，以便及时校正提高监测质量，增强各实验室监测数据的可比性。实验室间的质量控制应该是在各实验室认真执行了内部质量控制程序的基础上进行。常用的方法有分析标准样品，进行实验室之间的评价和分析测量系统的现场评价等。

监测的质量控制过程是一个环境监测实验室监测水平的重要标志，已经在国内外引起了广泛重视。我国按照国际规范要求，为不断提高技术和管理水平，组成的中国实验室国家认可委员会，大大推动了环境监测质量控制过程。认可委员会的认可内容主要有：检测结果的公正性、质量方针与目标、组织与管理。组织机构、技术委员会、质量监督网、权力委派防止不恰当干扰、保护委托人机密和所有权、比对和能力验证计划等，质量体系、审核与评审。检测样品的代表性、有效性和完整性将直接影响检测结果的准确度，因此必须对抽样过程、样品的接收、流转、贮存、处置以及样品的识别等各个环节实施有效的质量控制。这是在实验室认可中特别强调的内容。

2. 质量控制的有关术语

（1）准确度。准确度是用一个特定的分析程序，所获得的分析结果（单次测定值和重复测定值的均值）与假定的或公认的真值之间符合程度的量度。它是反应该方法或系统存在的系统误差或偶然误差的综合指标，决定着测定结果的可靠性。准确度用绝对误差或相对误差表示。其评价方法常用加标回收和对照试验检验。

1）加标回收率试验。在试样中加入一定量的标准物质，同时测定加标试样，并按下式计算回收率（P），以确定监测方法的准确度。

$$P=\frac{A-B}{D}\times 100\%$$

式中：A 为加标试样测定值；B 为试样测定值；D 为加标量。

回收率试验简单易行，能综合反映多种因素引起的误差，因此常用来判断某方法是否适合于特定试样的测定。在进行加标回收试验时，应注意以下几个问题：

a. 加标量的用量确定。加标量的多少应考虑样品中待测物质的浓度和加入标准物质的浓度对回收率的影响。通常标准物质的加入量与待测物质浓度水平相等或接近为宜。待测物质浓度较高时，则加标后的总浓度不能超过方法线性范围上限的 90%；如小于检测限，则可按测定下限量加入标准物质。但应注意，在任何条件下，加标量不得大于样品中待测物含量的 3 倍，否则会影响加标回收率的准确性和真实性。

b. 加标量的干扰。样品中某些干扰物对待测物质产生的正干扰或负干扰，有时会相互叠加或抵消，用回收率实验方法不易发现，其回收率也不能得到满意结果。

c. 标准物质与样品中待测物质的形态。加入的标准物质与样品中待测物质的形态应尽可能一致。即使如此，由于基体效应的存在，用加标回收率评价准确度并非全部可靠。所谓基体效应就是，因基体组成不同，使物理、化学性质差异给实际测定带来的误差。

2）对照试验。对照试验就是用标准物质进行对比试验，或与标准方法进行比较。前者在进行环境样品测定的同时，对标准物质进行测定，将标准物质的测定结果与标准物质的给定值进行比较检验，确定检测方法的准确度。后者用标准方法对同一环境样品进行测定，检验两种方法的测定结果，判断监测方法的准确度。通过对照试验还可判断操作的准确度。对照试验结果的比较，通常采用 t 检验法，也称显著性检验。

（2）精密度。精密度是指用特定的分析程序，在受控条件下重复分析均一样品所得测定值的一致程度，它反映分析方法或测量系统所存在随机误差的大小。可用极差、平均偏差、相对平均偏差、标准偏差和相对标准偏差来表示精密度大小，最常用的是标准偏差。

在讨论精密度时，常要遇到如下一些术语：

1）平行性。平行性系指在同一实验室中，当分析人员、分析设备和分析时间都相同时，用同一分析方法对同一样品进行双份或多份平行样测定结果之间的符合程度。

2）重复性。重复性系指在同一实验室内，当分析人员、分析设备和分析时间三因素中至少有一项不相同时，用同一分析方法对同一样品进行的两次或两次以上独立测定结果之间的符合程度。

3）再现性。再现性系指在不同实验室（分析人员、分析设备、甚至分析时间都不相同），用同一分析方法对同一样品进行多次测定结果之间的符合程度。

平行性和重复性代表了实验室内部精密度；再现性反映的是实验室间的精密度，通常用分析标准样品的方法来确定。精密度的评价常用 F—检验法，用于比较不同条件下（不同地点、不同时间、不同分析方法、不同分析人员等）测量的两组数据是否具有相同的精密度。

（3）灵敏度。分析方法的灵敏度是指某种分析方法在一定条件下被测物质浓度或含量改变一个单位时所引起的测量信号的变化程度。它可以用仪器的响应量或其他指示量与对应的待测物质的浓度或量之比来描述，因此常用标准曲线的斜率来度量灵敏度。灵敏度因实验条件而变。标准曲线的直线部分以下式表示：

$$A=kC+a$$

式中：A 为仪器的响应；C 为待测物质的浓度；a 为校准曲线的截距；k 为方法的灵敏度，k 值大，说明方法灵敏度高。

在原子吸收分光光度法中，国际理论与应用化学联合会（IUPAC）建议将以浓度表示的“1%吸收灵敏度”叫做特征浓度，而将以绝对量表示的“1%吸收灵敏度”称为特征量。特征浓度或特征量越小，方法的灵敏度越高。

(4) 空白试验。空白试验又叫空白测定，是指用蒸馏水代替试样的测定。其所加试剂和操作步骤与试验测定完全相同。空白试验应与试样测定同时进行，试样分析时仪器的响应值（如吸光度、峰高等）不仅是试样中待测物质的分析响应值，还包括所有其他因素，如试剂中杂质、环境及操作进程的玷污等的响应值。这些因素是经常变化的，为了了解它们对试样测定的综合影响，在每次测定时，均应作空白试验，空白试验所得的响应值称为空白试验值。对试验用水有一定的要求，即其中待测物质浓度应低于方法的检出限。当空白试验值偏高时，应全面检查空白试验用水、试剂的空白、量器和容器是否玷污、仪器的性能以及环境状况等。

(5) 校准曲线。校准曲线是用于描述待测物质的浓度或量与相应的测量仪器的响应量或其他指示量之间的定量关系的曲线。校准曲线包括工作曲线（绘制校准曲线的标准溶液的分析步骤与样品分析步骤完全相同）和标准曲线（绘制校准曲线的标准溶液的分析步骤与样品分析步骤相比有所省略，如省略样品的前处理）。

检测中常用校准曲线的直线部分。某一方法的校准曲线的直线部分所对应的待测物质浓度（或量）的变化范围，称为该方法的线性范围。

(6) 检测限。检测限是指某一分析方法在给定的可靠程度内可以从样品中检测待测物质的最小浓度或最小量。所谓"检测"是指定性检测，即断定样品中确定存在有浓度高于空白的待测物质。

检测限有如下几种规定：

1) 分光光度法中规定以扣除空白值后，吸光度为0.01相对应的浓度值为检测限。

2) 气相色谱法中规定的最小检测量是指检测器正好能产生与噪声相区别的响应信号时所需进入色谱柱的物质的最小量，通常认为恰能辨别的响应信号最小应为噪声值两倍。最小检测浓度是指最小检测量与进样量（体积）之比。

3) 离子选择性电极法规定某一方法的标准曲线的直线部分外延的延长线与通过空白电位且平行于浓度轴的直线相交时，其交点所对应的浓度值即为检测限。

4)《全球环境监测系统水监测操作指南》中规定，给定置信水平为95%时，样品浓度的一次测定值与零浓度样品的一次测定值有显著性差异者，即为检测限（L）。当空白测定次数大于20时，

$$L=4.6\delta_{Wb}$$

式中：δ_{Wb}为空白平行测定（批内）标准偏差。

(7) 方法适用范围。方法适用范围是指某一特定方法检测下限至检测上限之间的浓度范围。显然，最佳测定范围应小于方法适用范围。

(8) 测定限。测定限分为测定下限和测定上限。测定下限是指在测定误差能满足预定要求的前提下，用特定方法能够准确地定量测定待测物质的最小浓度或量；测定上限是指在限定误差能满足预定要求的前提下，用特定方法能够准确地定量测定待测物质的最大浓度或量。

(9) 最佳测定范围。最佳测定范围又叫有效测定范围，系指在限定误差能满足预定要求的前提下，特定方法的测定下限到测定上限之间的浓度范围。

3. 误差

(1) 真值。在某一时刻和某一状态（或位置）下，某事物的量表现出的客观值（或实

际值）称为真值。实际应用的真值包括：

理论真值：例如三角形内角之和等于180°。

约定真值：由国际单位制所定义的真值称为约定真值。

标准器（包括标准物质）的相对真值：高一级标准器的误差为低一级标准器或普通仪器误差的1/5（或1/3～1/20）时，则可以认为前者为后者的相对真值。

（2）误差及其分类。由于被测量的数据形式通常不能以有限位数表示，同时由于认识能力不足和科学技术水平的限制，使测量值与真值不一致，这种矛盾在数值上表现即为误差。任何测量结果都有误差，并存在于测量的全过程之中。

误差按其性质和产生原因，可分为系统误差、随机误差和过失误差。

1）系统误差。又称可测误差、恒定误差或偏倚（bias）。系统误差指测量值的总体均值与真值之间的差别，是由测量过程中某些恒定因素造成的，在一定条件下具有重现性，即误差的正负和大小在多次重复测定中有固定的规律，并不因增加测量次数而减少系统误差，它的产生可以是方法、仪器、试剂、恒定的操作人员和恒定的环境所造成。从理论上讲，系统误差是可以测定的，若能找出原因，并设法加以校正，即可消除系统误差。

系统误差可以通过以下方法克服：

a. 校准仪器：即测量前对使用的仪器进行校准，并用校准值对测量结果进行修正。

b. 空白试验：就是用空白试验结果修正测量值。以消除试剂不纯等原因所产生的误差。

c. 对照试验：即将实际样品与标准物质在同样条件下进行测定，当标准物质的保证值与测定值相一致时，可认为该方法的系统误差已基本消除；或采用不同的分析方法，如与标准方法进行比较，校正方法误差。

d. 回收试验：回收试验就是在实际样品中加入已知量的标准物质，在相同的条件下进行测定，观察所得结果能否定量回收，并以回收率作校正因子。

2）随机误差：又称偶然误差或不可测误差。是由测定过程中各种随机因素的共同作用所造成，随机误差遵从正态分布规律。

正态分布具有以下特点：

a. 有界性：在一定条件下的有限次测量值中，其误差的绝对值不会超过一定界限。

b. 单峰性：绝对值小的误差出现的次数比绝对值大的误差出现的次数多；即在有限次测定中，绝大多数的测定值都在真值附近。

c. 对称性：在测量次数足够多时，绝对值相等的正误差和负误差出现的次数大致相等。

d. 抵偿性：在一定条件下对同一量进行测量，偶然误差的算术平均值随测量次数的增加而趋于零，即测量次数无限多时，误差平均值极限为零。

在实际操作中，有些测量数据本身不呈正态分布，而呈偏态分布，但将数据取对数进行转换之后，可显示为正态分布。若监测数据的对数呈正态分布，称为对数正态分布。减小偶然误差通常除必须严格控制试验条件、正确使用仪器、试剂外，可利用偶然误差的抵偿性，通过增加测定次数来实现减小偶然误差。

3）过失误差。又称粗差。是由测量过程中犯了不应有的错误所造成，它明显地歪曲测量结果，如加错试剂、试样损失、仪器出现异常、读数错误等。过失误差一经发现，必须及时重做。为消除过失误差，分析人员应该具有认真细致、对工作负责的良好素质，不断提高理论及操作水平。

含有过失误差的测量数据经常表现为离群值。对于已发现有过失的测量数据，无论结果好坏均应剔除；对于未发现的过失，但发现为离群的测量数据，应使用统计检验方法进行检验后予以剔除（或保留）。

(3) 误差的表示方法。环境监测中常用的误差、偏差以及极差的有关定义及计算公式。

1）绝对误差（E）。绝对误差（E）是测量值（X）（单一测量值或多次测量的平均值）与真实值（μ）之差。

$$E=X-\mu$$

绝对误差为正，表示测量值大于真实值；绝对误差为负，表示测量值小于真实值。

2）相对误差（R_E）。相对误差（R_E）是绝对误差与真实值之比（常用百分数表示）。

$$R_E=\frac{E}{\mu}\times 100\%=\frac{X-\mu}{\mu}\times 100\%$$

3）绝对偏差 d_i。绝对偏差 d_i 是某测量值（X）与多次测量均值（$\overline{X}$）之差。

$$d_i=X_i-\overline{X}$$

4）相对偏差（Rd_i）。相对偏差（Rd_i）是绝对偏差与测定平均值之比（常用百分数表示）。

$$Rd_i=\frac{d_i}{\overline{X}}\times 100\%=\frac{X_i-\overline{X}}{\overline{X}}\times 100\%$$

5）平均偏差（$\overline{d}$）。平均偏差（$\overline{d}$）是单次测量偏差的绝对值的平均值。

$$\overline{d}=\frac{\sum_{i}^{n}|d_i|}{n}=\frac{|d_1|+|d_2|+\cdots|d_n|}{n}$$

6）相对平均偏差（$\overline{R}_d$）。相对平均偏差（$\overline{R}_d$）是平均偏差与测量平均值之比（常用百分数表示）。

$$\overline{R}_d=\frac{\overline{d}}{\overline{X}}\times 100\%$$

7）差方和（S 或 SD）、方差及标准偏差。

差方和是指绝对偏差的平方之和。

$$S=\sum_{i=1}^{n}(X_i-\overline{X})^2=\sum_{i=1}^{n}d_i^2$$

方差分为样本方差和总体方差。

样本方差用 V 表示，计算公式为：

$$V=\frac{\sum_{i=1}^{n}(X_i-\overline{X})^2}{n-1}=\frac{1}{n-1}S$$

总体方差用 δ^2 表示，计算公式为：

$$\delta^2 = \frac{1}{N}\sum_{x=1}^{N}(X_i-\mu)^2$$

公式中的 N 为总体容量（无限次多次测量，一般最少应大于 20 次）。

标准偏差分为样本标准偏差和总体标准偏差。

样本标准偏差用 s 表示，计算公式为：

$$s=\sqrt{\frac{1}{n-1}\sum_{i=1}^{n}(X_i-\overline{X})^2}=\sqrt{\frac{1}{n-1}S}=\sqrt{V}$$

$$=\sqrt{\frac{\sum X_i^2-\frac{(\sum X_i^2)^2}{n}}{n-1}}$$

总体标准偏差用 δ 表示，计算公式为

$$\delta=\sqrt{\delta^2}$$

$$=\sqrt{\frac{1}{N}\sum_{i=1}^{n}(X_i-\mu)^2}$$

$$=\sqrt{\frac{\sum X_i^2-\frac{(\sum X_i)^2}{N}}{N}}$$

8）相对标准偏差。相对标准偏差又称为变异系数，是样本标准偏差在样本均值中所占的百分数，用 C_V 表示。

$$C_V=\frac{S}{\overline{X}}\times 100\%$$

9）极差（R）。极差（R）是指一组测量值中最大值（$x_{\max}$）与最小值（$x_{\min}$）之差，也叫全距或范围误差。它用来说明数据的范围和伸展情况。极差的表示式为：

$$R=x_{\max}-x_{\min}$$

4. 实验室内质量控制

内部质量控制是实验室分析人员对分析质量进行自我控制的过程。一般通过分析和应用某种质量控制图或其他方法来控制分析质量。

（1）质量控制图的绘制及使用。对经常性的分析项目常用控制图来控制质量。质量控制图的基本原理由 W. A. Shewart 提出。他指出：每一个方法都存在着变异，都受到时间和空间的影响，即使在理想的条件下获得的一组分析结果，也会存在一定的随机误差。但当某一个结果超出了随机误差的允许范围时，运用数理统计的方法，可以判断这个结果是异常的、不足信的。质量控制图可以起到这种监测的仲裁作用。因此实验室内质量控制图是监测常规分析过程中可能出现误差，控制分析数据在一定的精密度范围内，保证常规分析数据质量的有效方法。

在实验室工作中每一项分析工作都由许多操作步骤组成，测定结果的可信度受到许多因素的影响，如果对这些步骤、因素都建立质量控制图，这在实际工作中是无法做到的，因此分析工作的质量只能根据最终测量结果来进行判断。

对经常性的分析项目，用控制图来控制质量，编制控制图的基本假设是：测定结果在

受控的条件下具有一定的精密度和准确度，并按正态分布。若以一个控制样品，用一种方法，由一个分析人员在一定时间内进行分析，累积一定数据。如这些数据达到规定的精密度、准确度（即处于控制状态），以其结果编制控制图。在以后的经常分析过程中，取每份（或多次）平行的控制样品随机地编入环境样品中一起分析，根据控制样品的分析结果，推断环境样品的分析质量。

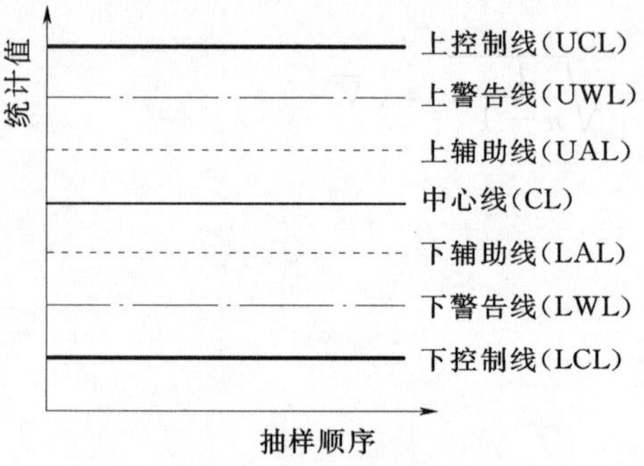

图 1.1 质量控制图的基本组成

质量控制图的基本组成见图 1.1。

预期值——即图中的中心线。

目标值——图中上、下警告限之间区域。

实测值的可接受范围——图中上、下控制限之间的区域。

辅助线——上、下各一线，在中心线两侧与上、下警告限之间各一半处。

质量控制图的类型有很多种，如均值控制图（X 图）、均值一极差控制图（$X-R$ 图）、移动均值-差值控制图、多样控制图、累积和控制图等。但目前最常用的是均值控制图和均值—极差值控制图。下面主要就均值控制图和均值一极差控制图的绘制及使用进行介绍。

1）均值控制图的绘制。为编制质量控制图，需要准备一份质量控制样品。控制样品的浓度和组成尽量与环境样品相近，并且性质稳定而均匀。编制时，要求在一定期间内，分批地用与分析环境样品相同的分析方法分析此控制样品 20 次以上（每天分析一次，或分上下午各分析一次，不得将 20 个重复实验同时进行。每次平行分析两份，求得均值 $\overline{X_i}$），其分析数据符合正常的统计分布，然后按下式计算总体均值$\overline{\overline{X}}$、标准偏差等统计值，以此绘制质量控制图。

以测定顺序为横坐标，相应的测定值为纵坐标作图，同时作有关控制线。如图 1.2 所示。

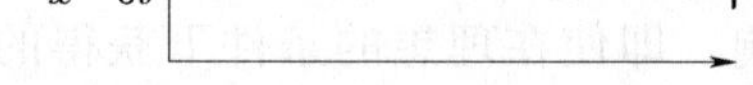

图 1.2 均值控制图

其中：中心线——以总体均数$\overline{\overline{X}}$估计真值 μ。

上、下警告限——按$\overline{\overline{X}}\pm 2s$ 值绘制。

上、下控制限——按$\overline{\overline{X}}\pm 3s$ 值绘制。

上、下辅助线——按$\overline{\overline{X}}\pm s$ 值绘制。

在绘制控制图时，落在$\overline{\overline{X}}\pm s$ 范围内的点数应约占总点数的 68%。若是小于 50%，则分布不合适，此图不可靠。若连续 7 点位于中心线同一侧，表示数据失控，此图不适用。质量控制图绘好后，应标明绘制控制图的有关内容和条件，如测定项目、分析方法、溶液控制、温度、操作人员和绘制日期等。

2）均值控制图的使用。质量控制图主要用来检验常规监测分析数据是否处于控制状态。在常规监测分析中，根据日常工作中该项目的分析频率和分析人员的技术水平，每间隔适当时间，取两份平行的控制样品与环境样品同时测定。对操作技术较低和测定频率低的项目，每次都应同时测定控制样品，将控制样品的测定结果依次点在控制图上，然后根据下列规则，检验分析测定过程是否处于控制状态。

a. 若此点在上、下警告限之间区域，则测定过程处于控制状态，环境样品分析结果有效。

b. 如果此点超出上述区域，但仍处于上、下控制限之间的区域内，则表明分析质量开始变差，可能存在“失控”倾向，应进行初步检查，并采取相应的校正措施，此时环境样品的结果仍然有效。

c. 若此点落在上、下控制限以外，则表示测定过程已经失控，应立即查明原因并予以纠正，该批环境样品的分析结果无效，必须待方法校正后重新测定。

d. 若遇有 7 个点连续下降或上升时，则表示测定过程有失控倾向，应立即查明原因，予以纠正。

e. 即使测定过程处于控制状态，尚可根据相邻几点的分布趋势来推测分析质量可能发生的问题。

当控制样品测定次数累积更多之后，应利用这些结果和原始结果一起重新计算总体均值、标准偏差，再校正原来的控制图。

(2) 均数—极差控制图的绘制与使用。均数—极差控制图通过均数和极差两个指标同时评价测定结果的可靠性。在使用均数—极差控制图时，只要两者中有一个超出控制限，即认为是“失控”，故其灵敏度较单纯的均数图或极差图高。均数—极差控制图的绘制包括以下内容：

均数控制部分：

中心线——$\overline{\overline{X}}$

上、下控制线——$\overline{\overline{X}} \pm A_2 \overline{R}$

上、下警告线——$\overline{\overline{X}} \pm \frac{2}{3} A_2 \overline{R}$

上、下辅助线——$\overline{\overline{X}} \pm \frac{1}{3} A_2 \overline{R}$

极差控制图部分：

上控制线——$D_4 \overline{R}$

上警告线——$\overline{R} + \frac{2}{3}(D_4 \overline{R} - \overline{R})$

上辅助线——$\overline{R} + \frac{1}{3}(D_4 \overline{R} - \overline{R})$

下控制线——$D_3 \overline{R}$

系数 A_2、D_3、D_4 可从表 1.1 查出，均数—极差控制图的绘制与均数控制图绘制方法相似。

表 1.1　均数—极差控制图系数表(每次测 n 个平行样)

系数	2	3	4	5	6	7	8
A_2	1.88	1.02	0.73	0.58	0.48	0.42	0.37
D_3	0	0	0	0	0	0.076	0.136
D_4	3.27	2.58	2.28	2.12	2	1.92	1.86

因为极差愈小愈好，故极差控制图部分没有下警告限，但仍有下控制限。在使用过程中，如 R 值稳定下降，甚至 $R \approx D_3 \overline{R}_3$（即接近下控制限）；则表明测定精密度已有提高，原质量控制图失效，应根据新的测定值重新计算 x、R 和各相应统计量，改绘新的 $\overline{X}-R$ 图。

5. 实验室间质量控制

实验室间质量控制的目的是检查各实验室是否存在系统误差，找出误差来源，提高监测水平，这一工作通常由某一系统的中心实验室、上级机关或权威单位负责。

（1）实验室质量考核。由负责单位根据所要考核项目的具体情况，制订具体实施方案。

1）考核方案的内容有：质量考核测定项目；质量考核分析方法；质量考核参加单位；质量考核统一程序；质量考核结果评定。

2）考核内容有：分析标准样品或统一样品、测定加标样品、测定空白平行、核查检测下限、测定标准系列、检查相关系数和计算回归方程、进行截距检验等。通过质量考核，最后由负责单位综合实验室的数据进行统计处理后作出评价予以公布。各实验室可以从中发现所有存在问题并及时纠正。

工作中标准样品或统一样品应逐级向下分发，一级标准由国家环境监测总站将国家计量总局确认的标准物质分发给各省、自治区、直辖市的环境监测中心，作为环境监测质量保证的基准使用。二级标准由各省、自治区、直辖市的环境监测中心按规定配制并检验证明其浓度参考值、均匀度和稳定性，并经国家环境监测总站确认后，方可分发给各实验室作为质量考核的基准使用。

如果标准样品系列不够完备而有特定用途时，各省、自治区、直辖市在具备合格实验室和合格分析人员条件下，可自行配所需的统一样品，分发给所属网站，供质量保证活动使用。各级标准样品或统一样品均应在规定要求的条件下保存，若有超过稳定期、失去保存条件、开封使用后无法或没有即时恢复原封装致使不能继续保存等情况应报废。

为了减少系统误差，使数据具有可比性，在进行质量控制时，应使用统一的分析方法，首先应从国家（或部门）规定的“标准方法”之中选定。当根据具体情况需选用“标准方法”以外的其他分析方法时，必须有该法与相应“标准方法”对几份样品进行比较实验，按规定判定无显著性差异后，方可选用。

（2）实验室误差测验。在实验室间起支配作用的误差常为系统误差，为检查实验室间是否存在系统误差，它的大小和方向以及对分析结果的可比性是否有显著影响，可不定期地对有关实验室进行误差测验，以发现问题及时纠正。

测验的方法是将两个浓度不同（分别为 X_i、Y_i 两者相差约±5%），但很类似的样品同时分发给各实验室，分别对其作单次测定，并在规定日期内上报测定结果 X_i、Y_i。计算每一浓度的均值 $\overline{X}$ 和 $\overline{Y}$，在方格坐标纸上画出 $\overline{X_i}$、$\overline{X}$，在垂直线和 $\overline{Y_i}$ 和 $\overline{Y}$ 值的水平线。将各实验室测定结果（X、Y）点在图中。通过零点和 $\overline{X}$、$\overline{Y}$ 值交点画一直线，结果如图1.3所示，此图叫双样图，可以根据图形判断实验室存在的误差。

根据随机误差的特点，在各点应分别高于或低于平均值，且随机出现。因此，如各实验室间不存在系统误差，则各点应随机分布在四个象限，即大致成一个以代表两均值的直线交点为中心的圆形，如图1.3（a）所示。如各实验室间存在系统误差，则实验室测定

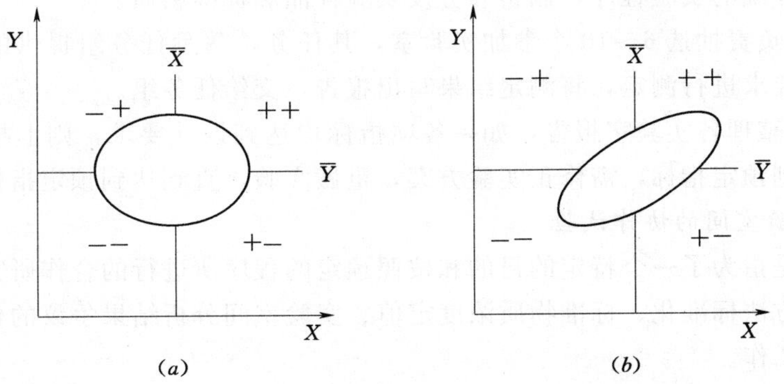

图 1.3　双样图

值双双偏高或双双偏低，即测定点分布在＋＋或－－象限内，形成一个与纵轴方向约成45°倾斜的椭圆形，如图 1.3（*b*）所示。根据此椭圆形的长轴与短轴之差及其位置，可估计实验空间系统误差的大小和方向；根据各点的分散程度来估计各实验室间的精密度和准确度。

如将数据进一步作误差分析，可更具体了解各实验室间的误差性质。处理的方法有：标准差分析、方差分析。

6. 标准分析方法和分析方法标准化

（1）标准分析方法。一个项目的测定往往有多种可供选择的分析方法，这些方法的灵敏度不同，对仪器和操作的要求不同；而且由于方法的原理不同，干扰因素也不同，甚至其结果的表示涵义也不尽相同。当采用不同方法测定同一项目时就会产生结果不可比的问题，因此有必要进行分析方法标准化活动。标准方法的选定首先要达到所要求的检出限度，其次能提供足够小的随机和系统误差，同时对各种环境样品能得到相近的准确度和精密度，当然也要考虑技术、仪器的现实条件和推广的可能性。

标准分析方法又称分析方法标准，是技术标准中的一种，是权威机构对某项分析所作的统一规定的技术准则和各方面共同遵守的技术依据，它必须满足以下条件：

1）按照规定的程序编制。

2）按照规定的格式编写。

3）方法的成熟性得到公认。

4）由权威机构审批和发布。

编制和推行标准分析方法的目的是为了保证分析结果的重复性、再现性和准确性，不但要求同一实验室的分析人员分析同一样品的结果要一致，而且要求不同实验室的分析人员分析同一样品的结果也要一致。

（2）分析方法标准化。标准是标准化活动的结果，标准化工作是一项具有高度政策性、经济性、技术性、严密性和连续性的工作，开展这项工作必须建立严密的组织机构。由于这些机构所从事工作的特殊性，要求它们的职能和权限必须受到标准化条例的约束。

国外标准化工作一般程序是：

1）由一个专家委员会根据需要选择方法，确定准确度、精密度和检测限指标。

2）专家委员会指定一个任务组（通常是有关的中央实验室负责）。任务组负责设计实验方案，编写详细的实验程序，制备和分发实验样品和标准物质。

3）任务组负责抽选6～10个参加实验室，其任务是熟悉任务组提供的实验步骤和样品，并按任务要求进行测定，将测定结果写出报告，交给任务组。

4）任务组整理各实验室报告，如果各项指标均达到设计要求，则上报权威机构出版公布；如达不到预定指标，需修正实验方案，重做实验，直到达到预定指标为止。

7. 监测实验室间的协作试验

协作试验是指为了一个特定的目的和按照预定的程序所进行的合作研究活动。协作试验可用于分析方法标准化、标准物质浓度定值、实验室间分析结果争议的仲裁和分析人员技术评定等项工作。

分析方法标准化协作试验的目的，是为了确定拟作为标准的分析方法在实际应用的条件下可以达到的精密度和准确度，制定实际应用中分析误差的允许界限，以作为方法选择、质量控制和分析结果仲裁的依据。

进行协作试验预先要制定一个合理的试验方案，并应注意下列因素。

(1) 实验室的选择。参加协作试验的实验室要选择在地区和技术上有代表性，并具备参加协作试验的基本条件。如分析人员、分析设备等，避免选择技术太高和太低的实验室，实验室数目以多为好，一般要求5个以上。

(2) 分析方法。选择成熟和比较成熟的方法，方法应能满足确定的分析目的，并已写成了较严谨的文件。

(3) 分析人员。参加协作试验的实验室应指定具有中等技术水平的分析人员参加工作，分析人员应对被评价的方法具有实际经验。

(4) 实验设备。参加的实验室要尽可能用已有的可互换的设备。各种量器、仪器等按规定校准，如同一实验有两人以上参加，除专用设备外，其他常用设备（如天平、玻璃器皿和分光光度计等）不得共用。

(5) 样品的类型和含量。样品基体应有代表性，在整个试验期间必须均匀稳定。由于精密度往往与样品中被测物质浓度水平有关，一般至少要包括高、中、低三种浓度。如要确定精密度随浓度变化的回归方程，且至少要使用5种不同浓度的样品。

只向参加实验室分送必需的样品量，不得多余，样品中待测物质含量不应恰为整数或一系列有规则的数，作为商品或浓度值已为人们知道的标准物质不宜作为方法标准化协作试验或考核人员的样品，使用密码样品可避免“习惯性”偏差。

(6) 分析时间和测定次数。同一名分析人员至少要在两个不同的时间进行同一样品的重复分析。一次平行测定的平行样数目不得少于两个。每个实验室对每种含量的样品的总测定次数不应少于6次。

(7) 协作试验中的质量控制。在正式分析以前要分发类型相似的已知样，让分析人员进行操作练习，取得必要的经验，以检查和消除实验室的系统误差。

协作试验设计不同，数据处理的方法也不尽相同，其步骤是：

1）整理原始数据，汇总成便于计算的表格。

2）核查数据并进行离群值检验。

3）计算精密度，并进行精密度与含量之间相关性检验。

4）计算允许差。

5）计算准确度。

1.2.2　数据处理和常用方法

1. 有效数据与修约规则

（1）有效数字。所谓有效数字就是实际上能够测到的数字。一般由可靠数字和可疑数字两部分组成。在反复测量一个量时，其结果总是有几位数字固定不变，为可靠数字。可靠数字后面出现的数字，在各次单一测定中常常是不同的、可变的。这些数字欠准确，往往是通过操作人员估计得到的，因此为可疑数字。

有效数字位数的确定方法为：从可疑数字算起，到该数的左起第一个非零数字的数字个数称为有效数字的位数。

例如：用分析天平称取试样 0.4010g，这是一个四位有效数字，其中前面三位为可靠数字，最末一位数字是可疑数字，且最末一位数字有±1 的误差，即该样品的质量 0.4010±0.0001g 之间。

（2）有效数字的修约规则。在数据记录和处理过程中，往往遇到一些精密度不同或位数较多的数据。由于测量中的误差会传递到结果中去，为不致引起错误，且使计算简化，可按修约规则对数据进行保留和修约。修约规则中：对整个数据一次修约，6 入 4 舍 5 看后，5 后有数应进 1，5 后为 0 前保偶。如将下列测量值修约为只保留一位小数：14.3426、14.2631、14.2501、14.2500、14.0500、14.1500，修约后分别为：14.3、14.3、14.3、14.2、14.0、14.2。

2. 可疑数据的取舍

由于偶然误差的存在，实际测定的数据总是有一定的离散性。其中偏离较大的数据可能是由未发现原因的过失误差所引起的。若保留，势必影响所得平均值的可靠性，并会产生较大偏差；若随意舍去，则有人为挑选满意的数据之嫌，与实事求是的科学态度相违背。因此对于数据的取舍应有一个衡量的尺度，即对偏离较大的可疑数据应进行检验，然后决定取舍。

常用的检验方法有 4d 检验法、Q 检验法、Dixon 检验法和 Grubbs 检验法等。

（1）“4d”检验法。“4d”法是较早采用的一种检验可疑数据的方法，可用于实验过程中对测定数据可疑值的估测。检验步骤如下：

a. 一组测定数据求可疑数据以外的其余数据的平均值（X）和平均偏差（d）。

b. 计算可疑数据（X_i）与平均值（X）之差的绝对值。

c. 判断：若 $XX_i->4d$，则 X_i 应舍弃，否则保留。

使用 $4d$ 检验法检验可疑数据简单、易行，但该法不够严格，存在较大的误差，只能用于处理一些要求不高的实验数据。

（2）Q 检验法。Q 检验法检验步骤如下：

a. 排序：将测定值由小到大顺序排列，“X_1，X_2，X_3，…，X_n”其中 X_1 或 X_n 为可疑值。

b. 计算 Q 值：计算可疑值与相邻值的差值，再除以极差，得统计值 Q。

$$Q=\frac{X_2-X_1}{X_n-X_1}\text{或}Q=\frac{X_n-X_{n-1}}{X_n-X_1}$$

c. 判断：根据测定次数 n 和要求的置信度（如 90%、95%）查 Q 值表（见表 1.2）。

若$Q \geqslant Q_0$时，则舍弃可疑值，否则保留。

表 1.2　　Q 值 表

n	3	4	5	6	7	8	9	10
$Q_{0.90}$	0.94	0.76	0.64	0.56	0.51	0.47	0.44	0.41
$Q_{0.95}$	1.53	1.05	0.86	0.76	0.69	0.64	0.60	0.58

（3）Dixon 检验法。Dixon 检验法对 Q 检验法进行了进一步改进，这种方法目前广泛使用。这种检验法与 Q 检验法的主要区别在于，按不同的测定次数范围，采用不同的统计量计算公式，因此比较严密，检验方法为：

a. 排序：将测定值由小到大顺序排列，X_1，X_2，…，X_n，其中X_1或X_n为可疑值。

b. 计算 Q 值：按表所列测定次数公式计算统计量 Q 值（见表 1.3）。

表 1.3　　Dixon 检验法统计量 Q 计算公式

N 值范围	最小值 X_1 为可疑值	最大值 X_n 为可疑值
3～7	$Q=\frac{X_2-X_1}{X_n-X_1}$	$Q=\frac{X_n-X_{n-1}}{X_n-X_1}$
8～10	$Q=\frac{X_2-X_1}{X_{n-1}-X_1}$	$Q=\frac{X_n-X_{n-1}}{X_n-X_2}$
11～13	$Q=\frac{X_3-X_1}{X_{n-1}-X_1}$	$Q=\frac{X_n-X_{n-2}}{X_n-X_2}$
14～25	$Q=\frac{X_3-X_1}{X_{n-2}-X_1}$	$Q=\frac{X_n-X_{n-2}}{X_n-X_3}$

c. 查临界值：根据给定的显著性水平（α）和样本容量（n）查得临界值。

表 1.4　　Dixon 检验法临界值(Q_α)

n	显著性水平（α）		n	显著性水平（α）	
	0.05	0.01		0.05	0.01
3	0.941	0.988	15	0.525	0.616
4	0.765	0.889	16	0.507	0.595
5	0.642	0.780	17	0.490	0.577
6	0.560	0.698	18	0.475	0.561
7	0.507	0.637	19	0.462	0.547
8	0.554	0.683	20	0.450	0.535
9	0.512	0.635	21	0.440	0.524
10	0.477	0.597	22	0.430	0.514
11	0.576	0.679	23	0.421	0.505
12	0.546	0.642	24	0.413	0.497
13	0.521	0.615	25	0.406	0.489
14	0.546	0.641			

d. 判断：若 $Q \leqslant Q_{\alpha} \leqslant 0.05$ 则可疑值为正常值；若 $Q_{0.05} < Q_{\alpha} \leqslant 0.01$ 则可疑值为偏离值；若 $Q > Q_{\alpha} > 0.01$ 则可疑值为离群值。

【例】 一组测定值按从小到大顺序排列为：14.65；14.90；14.90；14.92；14.95；14.96；15.00；15.00；15.01；15.02。检验最小值 14.65 是否为离群值。

$$Q = \frac{X_2 - X_1}{X_{n-1} - X_1}$$

$$= \frac{14.90 - 14.65}{15.01 - 14.65} = 0.694$$

解 当 $n=10$，可疑值为 X_1 时，以 99%置信界限（显著水平为 0.01）和测定次数 $n=10$ 查 Dixon 检验临界值表（见表 1.4），得 $Q_{\alpha}=0.597$，$Q=0.694>Q_{\alpha}$

14.65 为离群值，应舍弃。

（4）Grubbs 检验法。Grubbs 检验法适用于一组测定数据中有两个或两个以上可疑数据的情况，如果可疑数据都在同一侧，如 X_1 和 X_2 为可疑数据，应首先检验内侧的数据，若 X_2 为离群值，则 X_1 也应被舍去；若 X_2 应保留，再检验 X_1。在检验 X_2 时，平均值、标准偏差的计算中均不含 X_1，测定次数相应减一。如果可疑值在平均值的两侧，如 X_1 和 X_n 可疑，应分别检验 X_1 和 X_n，是否应舍弃。

如果有一个数据弃去，则在检验另一可疑值时。测定次数应作少一次来处理，此时选择 99%的置信度。

Grubbs 检验法检验步骤为：

a. 排序：测量数据从小到大顺序排列，X_1，X_2，…，X_n。

b. 计算：计算测量数据的平均值（$\overline{X}$），标准偏差（S）及统计量（G）。

当 X_1 为可疑值时，

$$G = \frac{\overline{X} - X_1}{S}$$

当 X_n 为可疑值时，

$$G = \frac{X_n - \overline{X}}{S}$$

c. 判断：根据测定次数 n 和显著性水平查 Grubbs 检验临界值表见表 1.5，若 $G > G_{\alpha}$ 则可疑值舍去，否则保留。

表 1.5　　Grubbs 检验临界值表（G_{α}）

n	显著性水平			
	0.05	0.025	0.01	0.005
3	1.153	1.155	1.155	1.115
4	1.163	1.481	1.492	1.496
5	1.672	1.715	1.749	1.764
6	1.822	1.887	1.944	1.973
7	1.938	2.020	2.097	2.139
8	2.032	2.126	2.221	2.174
9	2.110	2.215	2.322	2.387
10	2.176	2.290	2.410	2.482

续表

n	显著性水平			
	0.05	0.025	0.01	0.005
11	2.234	2.315	2.485	2.564
12	2.285	2.412	2.050	2.636
13	2.331	2.462	2.607	2.699
14	2.371	2.507	2.659	2.755
15	2.409	2.549	2.705	2.806
16	2.143	2.585	2.747	2.852
17	2.475	2.620	2.785	2.894
18	2.504	2.651	2.821	2.932
19	2.532	2.581	2.854	2.968
20	2.557	2.709	2.884	3.001
21	2.580	2.733	2.912	3.031
22	2.603	2.758	2.939	3.060
23	2.624	2.781	2.963	3.087
24	2.644	2.802	2.987	3.112
25	2.663	2.822	3.009	3.135

Grubbs 检验法除用于检验一组测量值中的可疑数据外，也可用于检验多组测量值的平均值中的可疑值。

【例】 测定某废水中氰化物浓度得到下列数据 $n=4$。$X=15.30\text{mg/L}$，求置信度分别为 90%和 95%时的置信区间。

解 $n=4$，则 $f=n-1=3$，查表置信度为 95%时，$t=3.182$

$$\mu=\overline{X}\pm\frac{ts}{\sqrt{n}}=15.30\pm\frac{3.18\times0.10}{\sqrt{4}}=15.30\pm0.16\text{mg/L}$$

说明废水中氰化物浓度四次测定的平均值为 15.30mg/L，且有 95%的可能，废水中氰化物的真实浓度在 15.14～15.46mg/L 之间。

当置信度为 90%时，查表 $t=2.353$

$$\mu=\overline{X}\pm\frac{ts}{\sqrt{n}}=15.30\pm\frac{2.35\times0.10}{\sqrt{4}}=15.30\pm0.12\text{mg/L}$$

说明真实浓度有 90%的可能在 15.18～15.42mg/L 之间。

思 考 题

1. 简要说明化学分析方法与仪器分析方法的优缺点。
2. 在数据分析中如何进行数字的修约？
3. 简要说明什么是对照试验？作用是什么？
4. 什么是基准物质？

学习项目2 主要水环境监测项目的分析测定

学习目标：本项目共6个学习情境，31个学习任务，根据水环境监测项目的性质分成6大类，分别介绍了主要水环境监测项目的分析方法、步骤、原理和性质等。本项目的学习要达到以下目的：

1. 理解空白试验的概念和含义，能够通过实验绘制标准曲线。
2. 掌握主要水质物理指标的测定方法及相关仪器的操作。
3. 掌握气象色谱法测水中有毒有害重金属的步骤。
4. 掌握水中DO、BOD、COD、TOC含义和测定方法。
5. 掌握总大肠菌群的测定原理和步骤。

学习情境2.1 物理性质的测定

水的物理性质主要包括水温、色度、残渣、浊度、电导率等。

2.1.1 水温的测定

水温是主要的水质物理指标。水的物理、化学性质与水温密切相关。如对密度、黏度、蒸汽压、水中溶解性气体（如氧、二氧化碳等）的溶解度等有直接的影响，同时，水温对水的pH值、盐度等化学性质，以及水生生物和微生物活动、化学和生物化学反应速度也存在着明显影响。

水温对水中气体溶解度的影响，以氧为例，随着水温的升高，氧在水中的溶解度逐渐降低。在1atm（1.01×10^5Pa）的大气压下，氧在淡水中的溶解度10℃时为11.33mg/L，20℃时为9.17mg/L，30℃时为7.63mg/L。

水温对水中进行的化学和生物化学反应的速度有显著影响。一般情况下，化学和生化反应的速度随温度的升高而加快。通常温度每升高10℃，反应速率约增加1倍。

水温影响水中生物和微生物的活动。温度的变化能引起水生生物品种的变化，水温偏高时可加速一些藻类和污水细菌的繁殖，影响水体的景观。

水的温度因水源不同而有很大差异。通常，地下水温度比较稳定，一般为8～12℃。地表水的温度随季节和气候而变化，大致变化范围为0～30℃。生活污水水温通常为10～15℃。工业废水的水温因工业类型、生产工艺的不同而差别较大。

水温为现场观测项目之一。若水层较浅，可只测表层水温，深水（如大的江河、湖泊及海水等）应分层测温。

常用的测量方法有水温度计法、深水温度计法、颠倒温度计法和热敏电阻温度计法。

1. 水温度计法

水温度计是安装于金属半圆槽壳内的水银温度表，下端连接一金属贮水杯，温度表水银球部悬于杯中，其顶端的壳带一圆环，拴以一定长度的绳子。水温度计通常测量范围为－6～41℃，分度值为0.2℃。

测量时将水温度计沉入水中至待测深度，放置5min后，迅速提出水面并立即读数。从水温度计离开水面至读数完毕应不超过20s，读数完毕后，将贮水杯内水倒净。必要时，重新测定。

水温度计法适用于测量水的表层温度。

2. 深水温度计法

深水温度计其结构与水温度计相似。储水杯较大，并有上、下活门，利用其放入水中和提升时的自动开启和关闭，使杯内装满所测温度的水样。深水温度计的测量范围－2～40℃，分度值为0.2℃。

测量时，将深水温度计投入水中，与水温度计法相同的测定步骤进行测定。深水温度计法适用于水深40m以内的水温测量。

3. 颠倒温度计法

颠倒温度计由主温表和辅温表组装在厚壁玻璃套管内构成，主温表是双端式水银温度计，其测量范围－2～35℃，分度值为0.10℃。辅温表是普通的水银温度计，测量范围一般为－20～50℃，分度值为0.5℃。前者用于测量水温，后者与前者配合使用，用于校正因环境温度改变而引起的主温表读数的变化。

测量时，随采水器沉放入一定深度的水层，放置7min后，提出水面后立即读数，并根据主、辅温度表的读数，用海洋常数表进行校正。

颠倒温度计法适用于测量水深40m以内的各层水温。

以上各种水温计应定期由计量检定部门进行校核。

4. 热敏电阻温度计法

测量水温时，启动仪器，按使用说明书进行操作。将仪器探头放入预定深度的水中，放置感温1min后，读取水温数。读完后取出探头，用棉花擦干备用。

热敏电阻温度计法适用于表层和深层水温的测定。

2.1.2 色度的测定

纯水为无色透明，清洁水在水层浅时应为无色，深层为浅蓝绿色。天然水中存在腐殖质、泥土、浮游生物、铁和锰等金属离子，均可使水体着色。生活污水和工业废水如纺织、印染、造纸、食品、有机合成工业废水中，常含有大量的染料、生物色素和有色悬浮颗粒等，这些有色废水常给人以不愉快感，排入环境使水体着色，减弱水体透光性，影响水生生物的生长。水的颜色与水的种类有关。

颜色是反映水体的外观指标。水的颜色分为“真色”和“表色”。真色是指去除悬浮物后水的颜色，是由水中胶体物质和溶解性物质所造成的。表色是指没有去除悬浮物的水所具有的颜色。对于清洁水和浊度很低的水，真色和表色相接近；对于着色很深的工业废水，两者差别较大。

测定真色时，要先将水样静置澄清或离心分离取上层清液，也可用孔径为0.45μm的滤膜过滤去除悬浮物，但不可以用滤纸过滤，因滤纸能吸收部分颜色。有些水样含有颗粒太细的有机物或无机物质，不能用离心分离，只能测定表色，这时需在结果报告上注明。

色度是衡量颜色深浅的指标。水的色度一般指水的真色。常用的测定方法是铂钴标准比色法和稀释倍数法。

1. 铂钴标准比色法

铂钴标准比色法是利用氯铂酸钾（K_2PtCl_6）和氯化钴（$CoCl_2 \cdot 6H_2O$）配成标准色列，与水样进行目视比色。

每升水中含有1mg铂和0.5mg钴时所具有的颜色，称为1度，作为标准色度单位。该法所配成的标准色列，性质稳定，可较长时间存放。由于氯铂酸钾价格较贵，可以用铬钴比色法代替。即将一定量重铬酸钾和硫酸钴溶于水中制成标准色列，进行目视比色确定水样色度。该法所制成标准色列保存时间比较短。

铂钴标准比色法适用于较清洁的、带有黄色色调的天然水和饮用水的测定。

2. 稀释倍数法

稀释倍数法是将水样用蒸馏水稀释至接近无色时的稀释倍数表示颜色的深浅。测定时，首先用文字描述水样颜色的性质，如微绿、绿、微黄、浅黄、棕黄、红等文字。将水样在比色管中稀释不同倍数，与蒸馏水相比较，直到刚好看不出颜色，记录此时的稀释倍数。稀释倍数法适用于受工业废水污染的地面水、工业废水和生活污水。

3. 分光光度法

采用分光光度法求出水样的三激励值：水样的色调（红、绿、黄等），以主波长表示；亮度，以明度表示；饱和度（柔和、浅淡等），以纯度表示。用主波长、色调、明度和纯度四个参数来表示该水样的颜色。近年来某些行业用分光光度法检验排水水质。

分光光度法适用于各种水样颜色的测定。

2.1.3 残渣的测定

水中固体物质根据其溶解性不同可分为溶解性固体物质和不溶解性固体物质。前者如可溶性无机盐和有机物等，后者如悬浮物等。残渣是用来表征水中固体物质的重要指标之一。残渣的测定，有着重要的环境意义。若环境水体中的悬浮物含量过高，不仅影响景观，还会造成淤积，同时也是水体受到污染的一个标志。溶解性固体含量过高同样不利于水的功能的发挥。如溶解性矿物质过高，既不适于饮用，也不适于灌溉，有些工业用水（如纺织、印染等）也不能使用含盐量高的水。

残渣分为总残渣、总可滤残渣和总不可滤残渣三种，反映水中溶解性物质和不溶解性物质含量的指标。

1. 总残渣

总残渣是水或废水在一定温度下蒸发、烘干后剩留在器皿中的物质，包括总不可滤残渣和总可滤残渣。测定时取适量（如50mL）振荡均匀的水样（使残渣量大于25mg），置于称至恒重的蒸发皿中，在蒸汽浴或水浴上蒸干，移入103～105℃烘箱内烘至恒重（两次称重相差不超过0.0005g）。蒸发皿所增加的质量即为总残渣。

计算公式：

$$\text{总残渣(mg/L)} = V(A-B) \times 1000 \times 1000$$

式中：A为总残渣和蒸发皿质量（g）；B为蒸发皿的质量（g）；V为取水样体积（mL）。

2. 总可滤残渣

总可滤残渣指将过滤后的水样放在称至恒重的蒸发皿内蒸干，再在一定温度下烘至恒重，蒸发皿所增加的质量。测定时将用0.45μm滤膜或中速定量滤纸过滤后的水样放在称至恒重的蒸发皿中，在蒸汽浴或水浴上蒸干，移入103～105℃烘箱内烘至恒重（两次称重相差不超过0.0005g）。蒸发皿所增加的质量即为总可滤残渣。一般测定温度为103～105℃，有时要求测定180±2℃烘干的总可滤残渣。在180±2℃烘干所得的结果与化学分析结果所计算的总矿物质含量较接近。

计算公式：

$$总可滤残渣(mg/L)=V(A-B)\times 1000\times 1000$$

式中：A为总残渣和蒸发皿质量（g）；B为蒸发皿的质量（g）；V为取水样体积（mL）。

3. 总不可滤残渣

总不可滤残渣即悬浮物，指水样经过滤后留在过滤器上的固体物质，于103～105℃烘干至恒重得到的物质质量。它是决定工业废水和生活污水能否直接排放或需处理到何种程度才能排入水体的重要指标之一，主要包括不溶于水的泥沙、各种污染物、微生物及难溶无机物等。常用的滤器有滤纸、滤膜和石棉坩埚。由于滤孔大小对测定结果有很大影响，报告结果时，应注明测定方法。石棉坩埚法常用于测定含酸或碱浓度较高的水样的悬浮物。

计算公式：

$$总不可滤残渣(mg/L)=V(A-B)\times 1000\times 1000$$

式中：A为总不可滤残渣和滤器质量（g）；B为滤器的质量（g）；V为取水样体积（mL）。

2.1.4 浊度的测定

浊度是指水中悬浮物对光线透过时所发生的阻碍程度。由于水中含有泥土、粉沙、有机物、无机物、浮游生物和其他微生物等悬浮物质和胶体物质，对进入水中的光产生散射或吸附，从而表现出浑浊现象。

色度是由于水中的溶解物质引起的，而浊度则是由不溶解物质引起的。浊度是水的感官指标之一，也是水体可能受到污染的标志之一。水体浊度高会影响水生生物的生存。

一般情况下，浊度的测定主要用于天然水、饮用水和部分工业用水。在污水处理中经常通过测定浊度选择最经济有效的混凝剂，并达到随时调整所投加化学药剂的量，获得好的出水水质的目的。

测定浊度的方法主要有目视比浊法、分光光度法和浊度计法。

1. 目视比浊法

将水样与用硅藻土（或白陶土）配制的标准浊度溶液进行比较，以确定水样的浊度。规定用1L蒸馏水中含有1mg一定粒度的硅藻土所产生的浊度称为1度。

测定时用硅藻土（或白陶土）经过处理后，配成浊度标准原液。将浊度标准原液逐级稀释为一系列浊度标准液，取待测水样进行目视比浊，与水样产生视觉效果相近的标准溶液的浊度即为水样的浊度。该法测得的水样浊度单位为JTU。

目视比浊法适用于饮用水和水源水等低浊度水，最低检测浊度为1度。

2. 分光光度法

在适当温度下，一定量的硫酸肼［$(NH_4)_2SO_4 \cdot H_2SO_4$］与六次甲基四胺［$(CH_2)_6N_4$］

聚合，生成白色高分子聚合物，以此作为参比浊度标准液，在一定条件下与水样浊度比较。规定 1L 溶液中含有 0.1mg 硫酸肼和 1mg 六次甲基四胺为 1 度。

测定时将用硫酸肼和六次甲基四胺配成的浊度标准储备液逐级稀释成系列浊度标准液，在波长 680nm 处测定吸光度，绘制吸光度—浊度标准曲线，再测定水样的吸光度，在曲线上查得水样的浊度。水样若经过稀释，需乘上稀释倍数方为原水样的浊度。

计算公式：

$$浊度=\frac{A(V+V_0)}{V}$$

式中：A 为经稀释水样的浊度（度）；V 为水样体积（mL）；V_0 为无浊度水的体积（mL）。

分光光度法适用于测定天然水、饮用水和高浊度水，最低检测浊度 3 度。所测得浊度单位为 NTU。

3. 浊度计法

浊度计是应用光的散射原理制成的。在一定条件下，将水样的散射光强度与相同条件下的标准参比悬浮液（硫酸肼与六次甲基四胺聚合，生成的白色高分子聚合物）的散射光强度相比较，即得水样的浊度。浊度仪要定期用标准浊度溶液进行校正。用浊度仪法测得的浊度单位为 NTU。

目前普遍使用的测量浊度的仪器为散射浊度仪。它可以实现水的浊度的在线监测。

2.1.5 电导率的测定

电导率用来表示水溶液传导电流的能力，以数字表示。电导率的大小取决于溶液中所含离子的种类、总浓度以及溶液的温度、黏度等因素。

不同类型的水有不同电导率。常用电导率间接推测水中离子成分的总浓度（因水溶液中绝大部分无机化合物都有良好的导电性，而有机化合物分子难以离解，基本不具备导电性）。

新鲜蒸馏水的电导率为 0.5～2Ms/cm，但放置一段时间后，因吸收了二氧化碳，增加到 2～4Ms/cm；超纯水的电导率小于 0.1Ms/cm；天然水的电导率多为 50～500Ms/cm；矿化水可达 500～1000μs/cm；含酸、碱、盐的工业废水的电导率往往超过 10000μs/cm；海水的电导率约为 30000μs/cm。

电导率随温度的变化而变化，温度每升高 1℃，电导率增加约 2%，通常规定 25℃为测定电导率的标准温度。如温度不是 25℃，必须进行温度校正。

经验公式为：

$$K_t=K_s[1+\alpha(t-25)]$$

式中：K_t 为 25℃时电导率；K_s 为温度 t 时的电导率；α 为各种离子电导率的平均温度系数，定为 0.022。

电导的计算式为：

$$G=k/C$$

式中：k 为电导率，是电阻率的倒数；C 为电导池常数。

一般采用电导率仪来测定水的电导率。它的基本原理是：已知标准 KCl 溶液的电导率（见表 2.1），用电导率仪测某一浓度 KCl 溶液的电导值，根据电导的计算公式求得电

导池常数 C。用电导率仪测待测水样的电导，即可求得水样的电导率。

表 2.1　　不同浓度 KCl 溶液的电导率

浓度 (mol/L)	0.0001	0.0005	0.0012	0.005	0.01	0.02	0.05	0.1	0.2	0.5	1
电导率 (μs/cm)	14.9	73.9	146.9	717.5	1412	2765	6667	12890	24800	58670	111900

学习情境 2.2　金属化合物的测定

水体中含有大量无机金属化合物，一般以金属离子的形式存在。这些金属元素有些是人体健康必须的常量和微量元素，如常量的钠、钾、钙、镁，微量的铁、锰、硒、锡、钴等。有些是对人体健康有害的，如铅、镉、汞、钡、砷、镍等。尤其当水体中金属离子浓度超过一定数值时，其毒害作用更大，其毒性的大小与金属种类、理化性质、浓度及存在的价态和形态有关。金属元素还可经食物链和生物放大作用迅速富集，使毒性剧增。即使有益的金属元素，其浓度若超过一定数值，也有剧烈的毒性。因此测定金属元素是水质监测项目的重要内容。

根据金属离子在水中存在的状态，可分为可过滤金属和不可过滤金属。由于以不同形态存在的金属离子其毒性大小不同，需要分别测定可过滤金属、不可过滤金属和金属总量。可过滤金属又称“溶解的金属”，指能通过孔径 0.45μm 滤膜的金属。不可过滤（悬浮态）金属指不能通过孔径 0.45μm 滤膜的金属。金属总量指未过滤的水样经过消解处理后测得的金属含量，是可过滤金属和不可过滤金属之和。

金属化合物的监测重点是毒性较大的汞、镉、铬、铅、铜、锌等金属离子。常用的监测方法有：分光光度法、原子吸收光谱法、极谱法和滴定法等。

2.2.1　汞的测定

汞及其化合物属于剧毒物质，特别是有机汞化合物，由食物链进入人体，通过生物富集，作用于人体。如发生在日本的水俣病。天然水含汞极少，一般不超过 0.1mg/L。我国生活饮用水标准限值 0.001mg/L，工业污水中汞的最高允许排放浓度为 0.05mg/L。氯碱工业、仪表制造、油漆、电池生产、军工等行业排放的废液、废渣都是水和土壤汞污染的来源。

汞的测定方法有很多种，主要介绍冷原子吸收法、冷原子荧光法和双硫腙分光光度法。

1. 冷原子吸收法

冷原子吸收法的原理是汞原子蒸气对波长 253.7nm 的紫外光具有选择性吸收作用，在一定范围内，吸收值与汞蒸气的浓度成正比。在硫酸—硝酸介质和加热条件下，用高锰酸钾将试样消解，或用溴酸钾和溴化钾混合试剂，在 20℃以上室温和 0.6mol/L 的酸性介质中产生溴，将试样消解，使所含汞全部转化为二价汞。用盐酸羟胺将过剩的氧化剂还原，再用氯化亚锡将二价汞还原成金属汞。在室温下通入空气或氮气流，将金属汞气化，载入冷原子吸收测汞仪，测量吸收值，求得试样中汞的含量。

测定时，用氯化汞配制一系列汞标准溶液，测吸光度做标准曲线进行定量，水样经预处理后按标准溶液的方法测吸光度，从而求出水样中汞的浓度。

冷原子吸收测汞仪主要由光源、吸收管、试样系统、光电检测系统、指示系统等主要部件组成。冷原子吸收法的最低检出浓度为0.1～0.5μg/L汞；在最佳条件下（测汞仪灵敏度高，基线噪音小及空白试验值稳定），当试样体积为200mL时，最低检出浓度可达0.05μg/L汞。此法适用于地面水、地下水、饮用水、生活污水及工业废水的监测。

2. 冷原子荧光法

冷原子荧光法是在原子吸收法的基础上发展起来的，是一种发射光谱法。水样中的汞离子被还原为单质汞，形成汞蒸气，其基态汞原子被波长为253.7nm的紫外光激发而产生共振荧光，在一定的测量条件和较低的浓度范围内，荧光强度与汞浓度成正比。根据测定荧光强度的大小，即可测出水样中汞的含量。这是冷原子荧光法的基础。检测荧光强度的检测器要放置在和汞灯发射光束成直角的位置上。

测定时方法同冷原子吸收法。

冷原子荧光法的最低检出浓度为0.05μg/L汞，测定上限可达1μg/L以上，且干扰因素少，适用于地面水、生活污水和工业废水的测定。

3. 双硫腙分光光度法

双硫腙分光光度法测汞的原理是水样于95℃温度条件下，在酸性介质中用高锰酸钾和过硫酸钾消解，将无机汞和有机汞转化为二价汞。用盐酸羟胺将过剩的氧化剂还原，在酸性条件下，汞离子与双硫腙生成橙色螯合物，用有机溶剂萃取，再用碱液洗去过剩的双硫腙，于485nm波长处测定吸光度，以标准曲线法定量，从而测得水样中汞的含量。

双硫腙分光光度法适用于受污染的地面水、生活污水和工业废水的测定。取250mL水样，汞的最低检出浓度为2μg/L，测定上限可达40μg/L。

2.2.2　镉的测定

镉不是人体必需的一种元素。镉的毒性非常大，可在人体的肝、肾、骨骼等部位蓄积，对人体健康造成影响，甚至危及生命。如世界著名的疼痛病事件。水中含镉0.1mg/L时，可轻度抑制地面水的自净作用。镉对鲢鱼的安全浓度为0.014mg/L。用含镉0.04mg/L的水进行农田灌溉时，土壤和稻米受到明显污染；农田灌溉水中含镉0.007mg/L时，即可造成污染。绝大多数淡水的含镉量低于1μg/L，海水中镉的平均浓度为0.15μg/L。主要污染源有电镀、采矿、冶炼、染料、电池和化学工业等排放的废水。

测定镉的方法有原子吸收分光光度法、双硫腙分光光度法、阳极溶出伏安法和示波极谱法等。

1. 原子吸收分光光度法

原子吸收分光光度法也称原子吸收光谱法，简称原子吸收法。根据某元素的基态原子对该元素的特征谱线的选择性吸收来进行测定的分析方法。

对镉的测定有四种方式：直接吸入火焰原子吸收分光光度法、萃取火焰原子吸收分光光度法、离子交换火焰原子吸收分光光度法和石墨炉原子吸收分光光度法。

（1）直接吸入火焰原子吸收分光光度法。是将样品或消解处理好的试样直接吸入火焰，火焰中形成的原子蒸气对光源发射的特征电磁辐射产生吸收。将测得的样品吸光度和标准溶液的吸光度进行比较，确定样品中镉元素的含量。此法测定快速、干扰少，适用于测定地下水、地面水和受污染的水，适用浓度范围0.05～1mg/L。

(2) 萃取火焰原子吸收分光光度法。是将镉离子与吡咯烷二硫代氨基甲酸铵或碘化钾络合后，萃入甲基异丁基甲酮，然后吸入火焰进行原子吸收分光光度法测定。此法适用于地下水和清洁地表水。适用浓度范围1～50μg/L。

(3) 离子交换火焰原子吸收分光光度法。是用强酸型阳离子树脂对水样中镉离子进行吸附，用酸作为洗脱液，从而得到金属离子浓缩液，然后吸入火焰进行原子吸收分光光度法测定。此法适用于较清洁地表水的监测。该方法的最低检出浓度0.1μg/L，测定上限为9.8μg/L。

(4) 石墨炉原子吸收分光光度法。是将水样注入石墨管，用电加热方式使石墨炉升温，样品蒸发离解形成原子蒸气，对来自光源的特征电磁辐射进行吸收。将测得的样品吸光度和标准吸光度进行比较，确定水样中镉离子的含量。此法适用于地下水和清洁地表水，适用浓度范围0.1～2mg/L。

2. 双硫腙分光光度法

双硫腙分光光度法测镉的原理：在强碱性溶液中，镉离子与双硫腙生成红色络合物，用三氯甲烷萃取分离后，于518nm波长处进行分光光度测定，求出水样中镉的含量。当使用光程20mm比色皿，试样体积为100mL时，镉的最低检出浓度为0.001mg/L，测定上限为0.06mg/L。适用于测定受镉污染的天然水和废水中的镉。

2.2.3　铅的测定

铅是一种有毒的金属，可在人体和动植物组织中积蓄。主要的毒性效应表现为贫血、神经机能失调和肾损伤。用含铅0.1～4.4mg/L的水灌溉水稻和小麦时，作物中含铅量明显增加。世界范围内，淡水中含铅0.06～120μg/L，中值3μg/L；海水含铅0.03～13μg/L，中值0.03μg/L。铅的主要污染源是蓄电池、冶炼、五金、机械、涂料和电镀工业等部门的排放废水。

铅的测定方法有原子吸收分光光度法、双硫腙分光光度法、阳极溶出伏安法和示波极谱法等。下面主要介绍双硫腙分光光度法。

双硫腙分光光度法测铅的原理：在pH值为8.5～9.5的氨性柠檬酸盐—氰化物的还原性介质中，铅与双硫腙形成可被三氯甲烷或四氯化碳萃取的淡红色的双硫腙铅螯合物，在510nm处用标准曲线法得出水样中的铅含量。

当使用光程10mm比色皿，试样体积为100mL，用10mL双硫腙三氯甲烷溶液萃取时，铅的最低检出浓度为0.01mg/L，测定上限为0.3mg/L。适用于测定地表水和废水中的痕量铅。

2.2.4　铜的测定

铜是人体必不可少的元素，成人每日的需要量估计为20mg。但过量摄入对人体有害。饮用水中铜的含量在很大程度上取决于水管和水龙头的种类，其含量可高至1mg/L，这说明通过饮水摄入的铜量可能是很可观的。铜对生物的毒性很大，毒性的大小与其形态有关。通常，淡水中铜的浓度约为3μg/L，海水中铜的浓度约为0.25μg/L。铜的主要污染源是电镀、冶炼、五金、石油化工和化学工业部门排放的废水。

铜的测定方法有原子吸收法、二乙氨基二硫代甲酸钠萃取分光光度法、新亚铜灵萃取分光光度法、阳极溶出伏安法和示波极谱法。

1. 二乙氨基二硫代甲酸钠萃取分光光度法

二乙氨基二硫代甲酸钠萃取分光光度法的原理：在氨性溶液中（pH 值为 9～10），铜与二乙氨基二硫代甲酸钠作用，生成摩尔比为 1：2 的黄棕色络合物。用四氯化碳或氯仿萃取后，在最大吸收波长 440nm 处测定吸光度，标准曲线法定量，得水样中铜的含量。

二乙氨基二硫代甲酸钠萃取分光光度法的测定范围为 0.02～0.06mg/L，最低检出浓度为 0.01mg/L，经适当稀释和浓缩测定上限可达 2.0mg/L。适用于地面水和各种工业废水中铜的测定。

2. 新亚铜灵萃取分光光度法

新亚铜灵萃取分光光度法的原理：用盐酸羟胺将二价铜离子还原为亚铜离子，在中性或微酸性溶液中，亚铜离子和新亚铜灵反应生成摩尔比为 1：2 的黄色络合物，用三氯甲烷—甲醇混合溶剂萃取此络合物，在 457nm 处测定吸光度，标准曲线法定量，得水样中铜的含量。

新亚铜灵萃取分光光度法铜的最低检出浓度为 0.06mg/L，测定上限为 3mg/L。适用于测定地表水、生活污水和工业废水中的铜。

2.2.5 锌的测定

锌是人体必不可少的有益元素。碱性水中锌的浓度超过 5mg/L 时，水有苦涩味，并出现乳白色。水中含锌 1mg/L 时，对水体的生物氧化过程有轻微抑制作用，对水生生物有轻微毒性。锌的主要污染源是电镀、冶金、颜料及化工等行业排放的废水。

锌的测定方法有原子吸收法、双硫腙分光光度法、阳极溶出伏安法和示波极谱法。原子吸收法测定锌具有较高的灵敏度，干扰少，适合测定各类水中的锌。不具备原子吸收光谱仪的单位，可选用双硫腙分光光度法、阳极溶出伏安法或示波极谱法。这里简单介绍双硫腙分光光度法。

双硫腙分光光度法测定锌的原理：在 pH 为 4.0～5.5 的醋酸盐缓冲介质中，锌离子与双硫腙形成红色螯合物，用三氯甲烷或四氯化碳萃取，在最大吸收波长 535nm 处测定吸光度，标准曲线法定量，得水样中锌的含量。

当使用光程 10mm 比色皿，试样体积为 100mL 时，锌的最低检出浓度为 0.005mg/L，测定上限为 0.3mg/L。适用于测定天然水和轻度污染的地面水中锌的测定。

2.2.6 铬的测定

铬是生物体必需的微量元素之一。铬的毒性与其价态关系密切。水中铬主要有三价和六价两种价态。三价铬能参与人体正常的糖代谢过程，六价铬却比三价铬的毒性高 100 倍左右，且易被人体吸收而在体内蓄积，高浓度的铬会引起头痛、恶心、呕吐、腹泻、血便等症状，还有致癌作用。当水中三价铬浓度为 1mg/L 时，水的浊度明显增加。当水中六价铬浓度为 1mg/L 时，水呈淡黄色且有涩味。水中的三价铬和六价铬在一定条件下可以相互转化。天然水不含铬，海水中铬的平均浓度为 0.05μg/L，饮用水中更低。铬的污染源主要是含铬矿石的加工、皮革鞣制、电镀、印染等行业排放的废水。

铬的测定方法有原子吸收分光光度法、二苯碳酰二肼分光光度法、硫酸亚铁铵滴定法、极谱法、气相色谱法和化学发光法等。下面主要介绍二苯碳酰二肼分光光度法、硫酸亚铁铵滴定法。

1. 二苯碳酰二肼分光光度法

（1）测定六价铬。二苯碳酰二肼分光光度法测定六价铬原理：在酸性介质中，六价铬与二苯碳酰二肼（DPC）反应，生成紫红色络合物，于540nm处测定吸光度，标准曲线法定量，得水样中六价铬的含量。

当使用光程30mm比色皿，试样体积为50mL时，锌的最低检出浓度为0.004mg/L，使用光程10mm比色皿，测定上限为1mg/L。适用于测定地表水和工业废水中六价铬的测定。

（2）测定总铬。高锰酸钾氧化－二苯碳酰二肼分光光度法测定总铬原理：由于三价铬不与二苯碳酰二肼反应，因此先用高锰酸钾将水样中的三价铬氧化，再用分光光度法测定总铬含量。具体如下：

1）酸性高锰酸钾氧化。在酸性溶液中，用高锰酸钾将水样中的三价铬氧化成六价铬，过量的高锰酸钾用亚硝酸钠分解，过剩的亚硝酸钠用尿素分解，得到的清液用二苯碳酰二肼显色，于540nm处测定吸光度，标准曲线法定量，得水样中总铬的含量。

2）碱性高锰酸钾氧化。在碱性溶液中，用高锰酸钾将水样中的三价铬氧化成六价铬，过量的高锰酸钾用乙醇分解，加氧化镁使二价锰沉淀，过滤后，在一定酸度下，加二苯碳酰二肼显色，于540nm处测定吸光度，标准曲线法定量，得水样中总铬的含量。

2. 硫酸亚铁铵滴定法

硫酸亚铁铵滴定法测定总铬原理：在酸性介质中，以银盐作为催化剂，将三价铬用过硫酸铵氧化成六价铬，加少量氯化钠并煮沸，除去过量的过硫酸铵和反应中产生的氯气，以苯基代邻氨基苯甲酸作为指示剂，用硫酸亚铁铵标准溶液滴定，至溶液呈亮绿色。根据硫酸亚铁铵标准溶液的浓度和滴定空白的用量，计算出水样中总铬的含量。

2.2.7　砷的测定

砷是人体非必需元素。元素砷的毒性很小，而砷化合物均有剧毒，三价砷化合物比其他砷化合物毒性更强。口服三氧化二砷（俗称砒霜）5～10mg可造成急性中毒，致死量为60～200mg。地面水中含砷量因水源和地理条件不同而有很大差异。天然水中通常含有一定量的砷，淡水中砷的浓度为0.2～230μg/L，海水中的浓度为6～30μg/L，我国一些主要河道干流中砷含量为0.01～0.6mg/L，长江水中含砷一般小于6μg/L，松花江水系含砷量为0.3～1.17μg/L。砷的主要污染源为采矿、冶金、化工、化学制药、纺织、玻璃、制革等部门的工业废水。

砷的测定方法有新银盐分光光度法、二乙氨基二硫代甲酸银分光光度法和原子吸收法等。

1. 新银盐分光光度法

新银盐分光光度法测砷的原理：硼氢化钾在酸性溶液中产生新生态氢，将水样中无机砷还原成砷化氢气体，以硝酸—硝酸银—聚乙烯醇—乙醇溶液为吸收液，砷化氢将吸收液中的银离子还原成单质胶态银，使溶液呈黄色，颜色强度与生成氢化物的量成正比。黄色溶液在400nm处有最大吸收，峰形对称。以空白吸收液为参比测其吸光度，用标准曲线法定量，得水样中砷的含量。

取最大水样体积250mL，此法的检出限为0.0004mg/L，测定上限为0.012mg/L。适用于地表水和地下水痕量砷的测定。

2. 二乙氨基二硫代甲酸银分光光度法

二乙氨基二硫代甲酸银分光光度法测砷的原理：锌与酸作用，生成新生态氢；在碘化钾和氯化亚锡存在下，使五价砷还原为三价砷，并与新生态氢反应，生成的气态砷化氢用二乙氨基二硫代甲酸银-三乙醇胺的三氯甲烷溶液吸收，生成红色胶体银，在波长 510nm 处，以三氯甲烷为参比测其吸光度，用标准曲线法定量，得水样中砷的含量。

取试样量为 50mL，砷的最低检出浓度为 0.007mg/L，测定上限浓度为 0.50mg/L。适用于水和废水中砷的测定。

2.2.8 其他金属化合物的测定

根据水和废水污染类型和对用水水质的要求不同，有时还需要监测其他金属元素。常见其他金属化合物监测方法见表 2.2，详细内容可查阅《水和废水监测分析方法》和其他水质监测资料。

表 2.2 常见其他金属化合物监测方法

元素	危害	分析方法	测定浓度范围
铁	具有低毒性，工业用水含量高时，产品上形成黄斑	1. 原子吸收法 2. 邻菲啰啉分光光度法 3. EDTA 滴定法	0.03～5.0mg/L 0.03～5.00mg/L 5～20mg/L
锰	具有低毒性。工业用水含量高时，产品上形成斑痕	1. 原子吸收法 2. 高碘酸钾氧化分光光度法 3. 甲醛肟分光光度法	0.01～3.0mg/L 最低 0.05mg/L 0.01～4.0mg/L
钙	人体必需元素，但过高引起肠胃不适。结垢	1. EDTA 滴定法 2. 原子吸收光	2～100mg/L 0.02～5.0mg/L
镁	人体必需元素，过量有导泄和利尿作用。结垢	1. EDTA 滴定法 2. 原子吸收法	2～100mg/L 0.002～5.0mg/L
铍	单质及其化合物毒性都极强	1. 石墨炉原子吸收法 2. 活性炭吸附—铬天菁 S 分光光度法	0.04～4mg/L 最低 0.1mg/L
镍	具有致癌性，对水生生物有明显危害，镍盐可引起过敏性皮炎	1. 原子吸收光 2. 丁二酮分光光度法 3. 示波极谱法	0.01～8mg/L 0.1～4mg/L 最低 0.06mg/L

学习情境 2.3 非金属无机化合物的测定

水体中的非金属无机化合物很多，主要的水质监测项目有 pH 值、溶解氧、硫化物、含氮化合物、氰化物、氟化物等。

2.3.1 pH 值的测定

pH 值是最常用和最重要的水质监测指标之一，用来表示水的酸碱性的强弱。天然水的 pH 值多在 6～9 之间；饮用水的 pH 值一般需控制在 6.5～8.5 之间；工业水的 pH 值一般限制较严格，如锅炉用水的 pH 值必须在 7.0～8.5 之间，以防金属管道被腐蚀；水的物化、生化处理过程中，pH 值是重要的控制参数。另外，pH 值对水中有毒物质的毒性有着很大影响，必须加以控制。

pH值与酸碱度既有联系、又有区别。pH值表示水的酸碱性的强弱，而酸度或碱度是水中所含酸或碱物质的含量。同样酸度的溶液，如盐酸和醋酸，摩尔浓度相同，则二者酸度一样，但pH值却大不相同，因两者的电离程度不同。

测定水的pH值的方法有玻璃电极法和比色法。

1. 玻璃电极法

玻璃电极法测定pH值是以pH玻璃电极为指示电极，饱和甘汞电极为参比电极，与被测水样组成原电池。用已用标准溶液校准的pH计测定水样，从pH计显示器上直接读出水样的pH值。

玻璃电极法是测pH值最常用的方法，该法测定准确、快速，基本不受水体色度、浊度、胶体物质、氧化剂和还原剂以及高含盐量的影响。

2. 比色法

比色法是利用各种酸碱指示剂在不同pH值的水溶液中产生不同的颜色来测定pH值。在一系列已知pH值的标准缓冲溶液中加入适当的指示剂制成标准色列，在待测水样中加入与标准色列同样的指示剂，进行目视比色，从而确定水样的pH值。常用pH值指示剂及其变色范围见表2.3。

表2.3　常用pH值指示剂及其变色范围

指示剂	pH值范围	颜色变化	指示剂	pH值范围	颜色变化
溴酚蓝	2.8～4.6	黄—蓝紫	酚红	6.8～8.4	黄—红
甲基橙	3.1～4.4	橙红—黄	甲基红	7.2～8.8	黄—红
溴甲酚氯	3.6～5.2	黄—蓝	麝蓝（碱性）	8.0～9.6	黄—蓝
氯酚红	4.8～6.4	黄—红	酚酞	8.3～10.0	无色—红
溴甲酚紫	5.2～6.8	黄—紫	百里酚酞	9.3～10.5	无色—红

该法适用于测定浊度和色度都很低的天然水和饮用水的pH值，不适于测定有色、浑浊或含有较高游离氯、氧化剂和还原剂的水样。如果粗略地测定水样pH值，可使用pH试纸。

2.3.2 溶解氧（DO）的测定

溶解在水中的分子态氧称为溶解氧。

水中溶解氧的含量与大气压力、水温及含盐量等因素有关。大气压力降低、水温升高、含盐量增加都会导致水中溶解氧含量降低。清洁地面水中溶解氧一般接近饱和。污染水体的有机、无机还原性物质在氧化过程中会消耗溶解氧，若大气中的氧来不及补充，水中的溶解氧就会逐渐降低，以致接近于零，此时厌氧菌繁殖，导致水质恶化。废水中因含有大量污染物质，一般溶解氧含量较低。

水中的溶解氧虽然不是污染物质，但通过溶解氧的测定，可以大体估计水中的有机物为主的还原性物质的含量，是衡量水质优劣的重要指标。

测定溶解氧的方法主要有碘量法及其修正法、膜电极法和电导测定法。

1. 碘量法及其修正法

（1）碘量法测溶解氧的原理：水样中加入硫酸锰和碱性碘化钾，水中溶解氧将二价锰氧化成四价锰，并生成氢氧化物棕色沉淀。加酸后，氢氧化物沉淀溶解并与碘离子反应而释放出与溶解氧量相当的游离碘。以淀粉为指示剂，用硫代硫酸钠标准溶液滴定释出碘，可计算出溶解氧含量。

结果计算公式为：

$$DO(O_2, mg/L) = \frac{CV(8 \times 1000)}{V_{水}}$$

式中：C 为硫代硫酸钠标准溶液浓度（mol/L）；V 为滴定消耗硫代硫酸钠标准溶液体积（mL）；$V_{水}$ 为水样的体积（mL）；8 为氧换算值（g）。

碘量法适用于水源水、地面水等清洁水中溶解氧的测定。

（2）修正的碘量法。普通碘量法测定溶解氧时会受到水样中一些还原剂物质的干扰，必须对碘量法进行修正。修正的碘量法适用于受污染的地面水和工业废水中溶解氧测定。

1）当水样中含有亚硝酸盐时（亚硝酸盐能与碘化钾作用放出单质碘，引起测定结果的正误差），可加入叠氮化钠排除其干扰，该法称为叠氮化钠修正碘量法。加入叠氮化钠先将亚硝酸盐分解，再用碘量法测定 DO。

2）当水样中含有大量亚铁离子时（会对测定结果产生负干扰），用高锰酸钾氧化亚铁离子，生成的高价铁离子用氟化钾掩蔽，从而去除，过量的高锰酸钾用草酸盐去除，该法称为高锰酸钾修正法。在酸性条件下，用高锰酸钾将水样中存在的亚硝酸盐、亚铁离子和有机污染物等干扰物质氧化去除，过量的高锰酸钾用草酸钾除去，用氟化钾掩蔽高价铁离子，再用碘量法测定 DO。

3）如水样有色或含有藻类及悬浮物等，在酸性条件下会消耗碘而干扰测定，可采用明矾修正法消除。如水样中含有活性污泥等悬浮物，可用硫酸铜—氨基磺酸絮凝修正法排除其干扰。

2. *膜电极法*

尽管修正的碘量法在一定程度上排除或降低了 DO 测定时的干扰，但由于水中污染物的多样性及复杂性，在应用于生活污水和工业废水中 DO 的测定时，该方法还是受到很多限制。用碘量法测 DO 时很难实现现场测定、在线监测。而膜电极法具有操作简便、快速和干扰少（不受水样色度、浊度及化学滴定法中干扰物质的影响）等优点，并可实现现场监测和在线监测，应用广泛。

膜电极法根据分子氧透过薄膜的扩散速率来测定水中溶解氧，膜电极的薄膜只能透过气体，透过膜的氧气在电极上还原，产生的还原电流与氧的浓度成正比，通过测定还原电流就可以得到水样中溶解氧的浓度。

3. *电导测定法*

用非导电的金属铊或其他化合物与水中溶解氧反应生成能导电的铊离子。通过测定水样电导率的增量，求得溶解氧的浓度。实验表明：每增加 0.035S/cm 的电导率相当于 1mg/L 的溶解氧。此法是测定溶解氧最灵敏的方法之一，可连续监测。

2.3.3　硫化物的测定

地下水，特别是温泉水中常含有硫化物，通常地表水中硫化物含量不高，受到污染时，水中的硫化物主要来自在厌氧条件下硫酸盐和含硫有机物的微生物还原和分解，生成硫化氢，产生臭味并使水呈黑色。生活污水中有机硫化物含量较高，某些工业废水，如石油炼制、人造纤维、制革、印染、焦化、造纸等中也会含有硫化物。

硫化氢为强烈的神经毒物，对黏膜有明显刺激作用，在水中达到一定浓度（200mg/L）会致水生生物死亡，当空气中含有0.2%硫化氢气体时，几分钟内就会致人死亡。硫化氢还会腐蚀金属，如被氧化为硫酸，进而会腐蚀混凝土下水道。

当环境中检出硫化物时，往往说明水质已受到严重污染，因此，硫化物是水体污染的一项重要指标。

测定硫化物的方法有对氨基二甲基苯胺分光光度法、碘量法、电位滴定法、离子色谱法、库仑滴定法、比浊法等。主要介绍对氨基二甲基苯胺分光光度法、碘量法和电位滴定法。

1. 水样的预处理

（1）乙酸锌沉淀—过滤法。当水样中只含有少量硫代硫酸盐、亚硫酸盐等干扰物质时，可将现场采集并已固定的水样，用中速定量滤纸或玻璃纤维滤膜进行过滤，然后按含量的高低选择适当方法，直接测定沉淀中的硫化物。

（2）酸化—吹气法。若水样中存在悬浮物或浑浊度高、色度深时，可将现场采集固定后的水样加入一定量的磷酸，使水样中的硫化锌转变为硫化氢气体，利用载气将硫化氢吹出，乙酸锌溶液或2%氢氧化钠溶液吸收，再行测定。

（3）过滤—酸化—吹气分离法。若水样污染严重，不仅含有不溶性物质及影响测定的还原性物质，并且浊度和色度都高时，宜用此法。即将现场采集且固定的水样，用中速定量滤纸或玻璃纤维滤膜过滤后，按酸化吹气法进行预处理。

预处理操作是测定硫化物的一个关键性步骤，应注意既消除干扰物的影响，又不致造成硫化物的损失。即硫化物测定中样品预处理的目的是消除干扰和提高检测能力。

2. 对氨基二甲基苯胺分光光度法

对氨基二甲基苯胺分光光度法测定硫离子原理：在含高铁离子的酸性溶液中，硫离子与对氨基二甲基苯胺反应，生成蓝色亚甲蓝染料，颜色深度与水样中硫离子浓度成正比，于665nm处测其吸光度，用标准曲线法定量，得水样中硫化物的含量。

该法硫离子最低检出浓度为0.02mg/L，测定上限为0.8mg/L。当采用酸化—吹气预处理法时，可进一步降低检出浓度。酌情减少取样量，测定浓度可高达4mg/L。当水样中硫化物的含量小于1mg/L时，采用对氨基二甲基苯胺分光光度法。此法适用于地表水和工业废水中硫化物的测定。

3. 碘量法

碘量法测定硫离子原理：水样中的硫化物与乙酸锌生成白色硫化锌沉淀，将其用酸溶解后，加入过量碘溶液，则碘与硫化物反应析出硫，用硫代硫酸钠标准溶液滴定剩余的碘，根据硫代硫酸钠标准溶液消耗量，间接计算得出硫化物的含量。

碘量法适用于硫化物含量大于1mg/L的水和废水的测定。该法硫离子最低检出浓度为0.02mg/L，测定上限为0.8mg/L。

4. 电位滴定法

电位滴定法测定硫离子原理：用硝酸铅标准溶液滴定硫离子，生成硫化铅沉淀。以硫离子选择电极作为指示电极，双盐桥饱和甘汞电极作为参比电极，与被测水样组成原电池。用晶体管毫伏计或酸度计测量原电池电动势的变化，根据滴定终点电位突跃，求出硝酸铅标准溶液用量，即可计算出水样中硫离子的含量。

该方法不受色度、浊度的影响。但硫离子易被氧化，常加入抗氧缓冲溶液（SAOB）予以保护。SAOB溶液中含有水杨酸和抗坏血酸。水杨酸能与Fe^{3+}、Fe^{2+}、Cu^{2+}、Cd^{2+}、Zn^{2+}、Cr^{3+}等多种金属离子生成稳定的络合物；抗坏血酸能还原Ag^{+}、Hg^{2+}等，消除它们的干扰。

该方法适宜测定硫离子浓度范围为10^{-1}～10^{-3}mol/L，最低检出浓度为0.2mg/L。

2.3.4 含氮化合物的测定

含氮化合物包括无机氮和有机氮。随生活污水和工业废水中大量含氮化合物进入水体，氮的自然平衡遭到破坏，使水质恶化，是产生水体富营养化的主要原因。有机氮在微生物作用下，逐渐分解变成无机氮，以氨氮、亚硝酸盐氮、硝酸盐氮形式存在，因此测定水样中各种形态的含氮化合物，有助于评价水体被污染和自净情况。

1. 氨氮

氨氮（NH_3-N）以游离氨（NH_3）或铵盐（NH_4^+）形式存在于水中，两者的组成比取决于水的pH值。当pH值偏高时，游离氨的比例较高；当pH值偏低时，铵盐的比例较高。

水中氨氮的来源主要为生活污水中含氮有机物受微生物作用的分解产物，某些工业废水，如焦化废水和合成氨化肥厂废水等以及农田排水。

氨氮的测定方法有纳氏试剂分光光度法、滴定法、水杨酸－次氯酸盐分光光度法和电极法等。

（1）水样的预处理。水样带色或浑浊以及含其他一些干扰物质，影响氨氮的测定。为消除干扰需对水样做适当预处理。

对较清洁的水，可采用絮凝沉淀法，对污染严重的水或工业废水，采用蒸馏法。

1）絮凝沉淀法。先在水样中加适量硫酸锌溶液，再加入氢氧化钠溶液，生成氢氧化锌沉淀，经过滤即可除去颜色和浑浊等。也可在水样中加入氢氧化铝悬浮液，过滤除去颜色和浑浊。

2）蒸馏法。调节水样的pH至6.0～7.4，加入适量氧化镁使显微碱性（或加入pH＝9.5的$Na_4B_4O_7-NaOH$缓冲溶液使呈弱碱性）蒸馏，释出的氨被吸收于硫酸或硼酸溶液中。纳氏法和滴定法用硼酸为吸收液，水杨酸—次氯酸盐法用硫酸为吸收液。

（2）纳氏试剂分光光度法。纳氏试剂分光光度法测氨氮的原理：在水样中加入碘化钾和碘化汞的强碱性溶液（纳氏试剂），与氨反应生成黄棕色胶态化合物，此颜色在较宽的波长范围内具有强烈吸收。通常于410～425nm波长处测吸光度，标准曲线法定量，求出水样中氨氮含量。

纳氏试剂分光光度法测氨氮的最低检出浓度为0.025mg/L，测定上限为2mg/L。采用目视比色法，最低检出浓度为0.02mg/L。水样做适当的预处理后，可适用于地面水、地下水、工业废水和生活污水中氨氮的测定。

（3）滴定法。滴定法原理：取一定体积的水样，调节pH＝6.0～7.4范围，加入氧化镁使呈微碱性。加热蒸馏，释出的氨被吸收入硼酸溶液中，以甲基红—亚甲蓝为指示剂，用酸标准溶液滴定馏出液中的铵（溶液从绿色到紫色为滴定的终点），得出水样中氨氮的含量。

滴定法适合于测定铵离子浓度超过5mg/L或严重污染的水体，或水样中伴随有影响使用比色法测定的有色物质。使用滴定法测定氨氮的水样，必须已进行蒸馏预处理。

(4) 水杨酸—次氯酸盐分光光度法。水杨酸—次氯酸盐分光光度法测氨氮的原理：在亚硝基铁氰化钠作为催化剂存在条件下，铵与水杨酸盐和次氯酸离子在碱性条件下反应生成蓝色化合物，其颜色的深浅与氨氮浓度成正比，在波长697nm最大吸收处测吸光度，用标准曲线法定量，得水样中氨氮的含量。

水杨酸—次氯酸盐分光光度法测氨氮的最低检出浓度为0.01mg/L，测定上限为1mg/L。适用于饮用水、生活污水和大部分工业废水中氨氮的测定。

(5) 电极法。氨气敏电极是一复合电极，以pH玻璃电极为指示电极，银—氯化银电极为参比电极。此电极对置于盛有0.1mol/L氯化铵内充液的塑料套管中，管端部紧贴指示电极敏感膜处装有疏水半渗透膜，使内电解液与外部试液隔开，半透膜与pH玻璃电极间有一层很薄的液膜。当水样中加入强碱溶液将pH提高到11以上，使铵盐转化为氨，生成的氨由于扩散作用而通过半透膜（水和其他离子则不能通过），使氯化铵电解质液膜层内NH_4^+－NH_3的反应向左移动，引起氢离子浓度改变，由pH玻璃电极测得其变化。在恒定的离子强度下，测得的电动势与水样中氨氮浓度的对数呈一定的线性关系。由于，可以测得的电位值确定样品中氨氮的含量。

电极法测定氨氮的最低检出浓度为0.03mg/L，测定上限为1400mg/L。适用于饮用水、地表水、生活污水和工业废水中氨氮含量的测定。

2. 亚硝酸盐氮

亚硝酸盐（NO_2^-－N）是含氮化合物分解过程中的中间产物，不稳定。根据水环境条件，可被氧化成硝酸盐，也可被还原成氨。亚硝酸盐可使人体正常的血红蛋白氧化成高铁血红蛋白，发生高铁血红蛋白症，失去血红蛋白在体内输送氧的能力，出现组织缺氧的症状。

亚硝酸盐可与仲胺类反应生成具致癌性的亚硝胺类物质，在pH值较低的酸性条件下，有利于亚硝胺类的形成。

水中亚硝酸盐的测定方法通常采用重氮—偶联反应，使生成红紫色染料。方法灵敏、选择性强。所用重氮和偶联试剂种类较多，最常用的，前者为对氨基苯磺酰胺和对氨基苯磺酸，后者为N－(1－萘基)－乙二胺和α－萘胺。

亚硝酸盐氮的测定方法有N－(1－萘基)－乙二胺分光光度法和离子色谱法。

(1) N－(1－萘基)－乙二胺分光光度法。N－(1－萘基)－乙二胺分光光度法测亚硝酸盐氮的原理：在磷酸介质中，pH＝1.8±0.3时，亚硝酸盐与对氨基苯磺酰胺反应，生成重氮盐，再与N－(1－萘基)－乙二胺偶联生成红色染料，于540nm波长处测定吸光度，标准曲线定量，求出水样中亚硝酸盐氮的含量。

N－(1－萘基)－乙二胺分光光度法测亚硝酸盐氮的最低检出浓度为0.003mg/L，测定上限为0.20mg/L。适用于饮用水、地表水、地下水、生活污水和工业废水中亚硝酸盐氮含量的测定。

(2) 离子色谱法。离子色谱法测定测亚硝酸盐氮的原理：利用离子交换的原理，连续对多种阴离子进行定性和定量分析。水样注入碳酸盐—碳酸氢盐溶液并流经系列的离子交换树脂，基于待测阴离子对低容量强碱性阴离子树脂的相对亲和力不同而分开。被分离的

阴离子，在流经强酸性阳离子树脂时，被转换为高电导的酸型，碳酸盐—碳酸氢盐则转变为弱电导的碳酸。用电导检测器测量被转变为相应酸型的阴离子，与标准比较，根据保留时间定性，峰高或峰面积定量。

离子色谱法测定测亚硝酸盐氮的测定下限为0.1mg/L。当进样量为100mL时，用10ms满刻度电导检测器时F^-为0.02mg/L；Cl^-为0.04mg/L；NO^{2-}为0.05mg/L；Br^-为0.15mg/L；PO_4^{3-}为0.20mg/L；SO_4^{2-}为0.10mg/L。此法可以连续测定饮用水、地表水、地下水、雨水中的F^-、Cl^-、NO_2^-、Br^-、PO_4^{3-}、SO_4^{2-}。

3. 硝酸盐氮

水中的硝酸盐是在有氧环境下，各种形态的含氮化合物中最稳定的氮化合物，也是含氮有机物经无机化作用最终阶段的分解产物。亚硝酸盐可经氧化而生成硝酸盐，硝酸盐在无氧环境中，也可受微生物的作用而还原为亚硝酸盐。人摄取硝酸盐后，经肠道中微生物作用转变为亚硝酸盐而出现毒性作用。硝酸盐氮的主要来源为制革、酸洗废水、某些生化处理设施的出水和农田排水。

硝酸盐氮的测定方法有酚二磺酸分光光度法、镉柱还原法、戴氏合金还原法、紫外分光光度法、离子选择电极法和离子色谱法。

(1) 酚二磺酸分光光度法。酚二磺酸分光光度法测硝酸盐氮的原理：硝酸盐在无水情况下与酚二磺酸反应，生成硝基二磺酸酚，在碱性溶液中生成黄色硝基酚二磺酸三钾盐化合物，于410nm波长处测定吸光度，标准曲线法定量，求出水样中硝酸盐氮含量。

酚二磺酸分光光度法测硝酸盐氮的最低检出浓度为0.02mg/L，测定上限为2.0mg/L。适用于测定饮用水、地下水和清洁地表水。

(2) 镉柱还原法。镉柱还原法测定硝酸盐氮的原理：在一定条件下，水样通过镉还原柱（铜—镉、汞—镉、海绵状镉），使硝酸盐还原为亚硝酸盐，然后以重氮—偶联反应，标准曲线定量，求出水样中亚硝酸盐氮的含量。硝酸盐氮含量即测得的总亚硝酸盐氮减去未还原水样中所含亚硝酸盐。

镉柱还原法测定硝酸盐氮的测定范围为0.01～0.4mg/L。适用于硝酸盐含量较低的饮用水、清洁地面水和地下水。

(3) 戴氏合金还原法。戴氏合金还原法测定硝酸盐氮的原理：在碱性介质中，硝酸盐可被戴氏合金在加热情况下定量还原为氨，经蒸馏出后被硼酸溶液吸收，用纳氏分光光度法或酸滴定法测定。

戴氏合金还原法测定硝酸盐氮适用于硝酸盐氮含量大于2mg/L的水样，可以测定带深色的严重污染的水及含大量有机物或无机盐的废水中亚硝酸氮的含量。

(4) 紫外分光光度法。紫外分光光度法测定硝酸盐氮的原理：利用硝酸根离子在220nm波长处的吸收而定量测定硝酸盐氮。溶解的有机物在220nm处也会有吸收，而硝酸根离子在275nm处没有吸收。因此，在275nm处另作一次测量，以校正硝酸盐氮值。

紫外分光光度法测定硝酸盐氮的最低检出浓度为0.08mg/L，测定上限为4mg/L。适用于测定清洁地面水和未受明显污染的地下水中的硝酸盐氮。

2.3.5 氰化物的测定

氰化物属于剧毒物，可分为简单氰化物、络合氰化物和有机腈。其中简单氰化物易溶于水，毒性大；络合氰化物在水体中受pH值、水温和光照等影响离解为毒性强的简单氰

化物。氰化物对人体的毒性主要是引起组织缺氧窒息。地表水一般不含氰化物，主要来源是电镀、化工、选矿、有机玻璃制造等工业废水的排放。

氰化物的测定方法有硝酸银滴定法、异烟酸—吡唑啉酮分光光度法、吡啶—巴比妥酸分光光度法和离子选择电极法。

1. 水样的预处理

（1）向水样中加入酒石酸和硝酸锌，调节 pH 值为 4，加热蒸馏，简单氰化物和部分络合物以氰化氢形式被蒸馏出，用氢氧化钠溶液吸收待测。

（2）向水样中加入磷酸和 EDTA，在 pH 值小于 2 的条件下加热蒸馏，可将全部简单氰化物和除钴氰化合物外的绝大部分配合氰化物以氰化氢形式蒸馏出来，用氢氧化钠溶液吸收待测。

2. 硝酸银滴定法

硝酸银滴定法测定氰化物的原理：水样经预处理后得到碱性馏出液（调节溶液的 pH 值至 11 以上），用硝酸银标准溶液滴定，氰离子与硝酸银作用形成可溶性的银氰络合离子 $[Ag(CN)_2]^-$，过量的银离子与试银灵指示液反应，溶液由黄色变为橙红色，即为终点。

当水样中氰化物含量在 1mg/L 以上时，可用硝酸银滴定法进行测定。检测上限为 100mg/L。硝酸银滴定法适用于测定饮用水、地面水、生活污水和工业废水中的氰化物。

3. 异烟酸—吡唑啉酮分光光度法

异烟酸—吡唑啉酮分光光度法测定氰化物的原理：水样经预处理后得到的馏出液，调节溶液的 pH 值至中性，加入氯胺 T 溶液，水样中的氰化物与之反应生成氯化氰，生成的氯化氰再与加入的异烟酸作用，经水解后生成戊烯二醛，生成的戊烯二醛与吡唑啉酮缩合生成蓝色染料，其色度与氰化物的含量成正比，在 638nm 波长处测其吸光度，标准曲线法定量，得出水样中氰化物的含量。

异烟酸—吡唑啉酮分光光度法测定氰化物的最低检出浓度为 0.004mg/L，测定上限为 0.25mg/L。适用于测定饮用水、地面水、生活污水和工业废水中的氰化物。

4. 吡啶—巴比妥酸分光光度法

吡啶—巴比妥酸分光光度法测定氰化物的原理：水样经预处理后得到的馏出液，调节溶液的 pH 值至中性，加入氯胺 T 溶液，水样中的氰化物与之反应生成氯化氰，生成的氯化氰再与加入的吡啶作用，经水解后生成戊烯二醛，生成的戊烯二醛与两个巴比妥酸分子缩合生成红紫色染料，其色度与氰化物的含量成正比，在 580nm 波长处测其吸光度，标准曲线法定量，得出水样中氰化物的含量。

吡啶—巴比妥酸分光光度法测定氰化物的最低检测浓度为 0.002mg/L，测定上限为 0.45mg/L。适用于测定饮用水、地面水、生活污水和工业废水中的氰化物。

2.3.6　氟化物的测定

氟是维持人体健康必须的微量元素之一。我国饮用水中适宜的氟浓度为 0.05～1.0mg/L。若饮用水中含量过低，摄入不足会引起龋齿病；若摄入量过多，则会发生患斑齿病，如水中含氟量高于 4mg/L 时，则可导致氟骨病。

氟化物分布广泛，天然水中一般均含有氟。氟化物的主要来源于有色冶金、钢铁和铝加工、焦炭、玻璃、陶瓷、电子、电镀、化肥农药厂的废水和含氟矿物废水的排放。

水中氟化物的测定方法有氟离子选择电极法、氟试剂分光光度法、茜素磺酸锆目视比

色法、硝酸钍滴定法、离子色谱法。

1. 水样的预处理

通常采用预蒸馏的方法，主要有水蒸气蒸馏法和直接蒸馏法两种。

(1) 水蒸气蒸馏法。水中氟化物在含高氯酸（或硫酸）的溶液中，通入水蒸气，以氟硅酸或氟化氢形式而被蒸出。

(2) 直接蒸馏法。在沸点较高的酸溶液中，氟化物以氟硅酸或氢氟酸被蒸出，使其与水中干扰物分离。

2. 氟离子选择电极法

氟离子选择电极是一种以氟化镧单晶片为敏感膜的传感器。当氟离子电极与含氟的试液接触时，与参比电极构成的电池的电动势随溶液中氟离子活度的变化而改变。用晶体管毫伏计或电位计测量上述原电池的电动势，并与用氟离子标准溶液测得的电动势相比较，即可求得水样中氟化物的浓度。

氟离子选择电极法测氟化物的最低检出浓度为0.05mg/L，测定上限为1900mg/L。适用于测定地下水、地面水和工业废水中的氟化物。

3. 氟试剂分光光度法

氟试剂分光光度法测定氟化物的原理：氟离子在pH值为4.1的乙酸盐缓冲介质中，与氟试剂和硝酸镧反应，生成蓝色三元络合物，其颜色的强度与氟离子浓度成正比。在620nm波长处测其吸光度，标准曲线法定量，得出水样中氟化物的含量。

水样体积为25mL，使用光程30mm比色皿，氟试剂分光光度法测定氟化物的最低检测浓度为0.05mg/L，测定上限为1.80mg/L。适用于测定地下水、地面水和工业废水中的氟化物。

4. 茜素磺酸锆目视比色法

茜素磺酸锆目视比色法测定氟化物的原理：在酸性溶液中，茜素磺酸钠与锆盐生成红色络合物，当水样中有氟离子存在时，能夺取该络合物中锆离子，生成无色的氟化锆离子，释放出黄色的茜素磺酸钠。根据溶液由红退至黄色的色度不同，与标准色列比色。

茜素磺酸锆目视比色法测定氟化物的最低检测浓度为0.05mg/L，测定上限为2.5mg/L。适用于测定饮用水、地下水、地面水和工业废水中的氟化物。

5. 硝酸钍滴定法

硝酸钍滴定法测定氟化物的原理：在以氯乙酸为缓冲剂，pH值为3.2～3.5的酸性介质中，以茜素磺酸钠和亚甲蓝作为指示剂，用硝酸钍标准溶液滴定氟离子，当溶液由翠绿色变为蓝灰色，即为反应终点。根据硝酸钍标准溶液的用量即可算出氟离子的浓度。

硝酸钍滴定法适于测定氟含量大于50mg/L废水中的氟化物。

2.3.7 其他非金属无机污染物的测定

其他非金属无机污染物根据水体类型和对水质要求不同，还可能要求测定其他非金属无机物项目，如氯化物、碘化物、硫酸盐、二氧化硅、余磷、余氯等。对于这些项目的测定可参阅《水和废水监测分析方法》等书籍。

学习情境2.4 有机化合物的测定

水体中的污染物质除无机化合物，还含有大量的有机物质。有机污染物主要指以碳水化合物、蛋白质、脂肪、氨基酸等形式存在的天然有机物质及某些人工合成可生物降解的有机物质。有机化合物通常以毒性大、强致癌性和消耗水体中溶解氧的形式对环境和人体产生危害作用，所以有机物污染指标是水质监测非常重要的指标。

衡量有机污染程度，最好进行有机污染的全分析，但污染物种类多、数量大，在现有的技术水平下，对有机物逐一监测很难做到，目前多采用测定与水中有机化合物相当的需氧量来间接表示有机化合物的含量如COD、BOD等；或对某一类有机化合物（如油类等）的测定。

有机化合物的测定方法主要有化学分析法、分光光度法、燃烧氧化法等。

2.4.1 化学需氧量（COD）

化学需氧量是指在一定条件下，用强氧化剂处理水样时所消耗氧化剂的量，以氧的毫克每升来表示。化学需氧量反应了水中受还原性物质污染的程度。水中还原性物质包括有机物、亚硝酸盐、亚铁盐、硫化物等。水被有机物污染是很普遍的，因此化学需氧量是表征水样中有机物相对含量的指标之一。

水样的化学需氧量可受加入氧化剂的种类及浓度、反应溶液的酸度、反应温度和时间，以及催化剂的有无而获得不同的结果。因此，化学需氧量也是一个条件性指标，必须严格按操作步骤进行。根据所用氧化剂的不同，化学需氧量的测定方法分为重铬酸钾法和高锰酸钾法。这两种方法从建立至今已有100多年的历史，在20世纪50年代以前，环境污染尚不严重，多是用高锰酸钾法和生化需氧量来研究水体污染及其防治。60年代开始，环境污染日益严重，又因高锰酸钾的氧化率（仅50%左右）等因素的限制，重铬酸钾法应用的范围越来越广。

目前，我国新版的环境水质标准把高锰酸钾法测COD称为高锰酸盐指数，把重铬酸钾法测得的COD值称为化学需氧量。重铬酸钾法测COD是国际上广泛认定的标准方法。COD的测定方法有重铬酸钾法、氧化还原电位滴定和库仑滴定等方法。

1. 重铬酸钾法

重铬酸钾法测定COD的原理：向水样中加入一定量的重铬酸钾溶液氧化水中还原性物质，在强酸性介质下以银盐作为催化剂沸腾回流后，以试亚铁灵为指示剂，用硫酸亚铁铵标准溶液回滴，同样条件做空白，根据硫酸亚铁铵标准溶液的用量计算水样的化学耗氧量。

（1）计算公式。

$$COD_{Cr}(O_2, mg/L) = \frac{C \times (V_0 - V_1) \times 8 \times 1000}{V}$$

式中：V_0为滴定空白时消耗硫酸亚铁铵标准溶液体积（mL）；V_1为滴定水样时消耗硫酸亚铁铵标准溶液体积（mL）；V为水样体积（mL）；C为硫酸亚铁铵标准溶液浓度（mol/L）；8为氧的摩尔质量（g/mol）。

（2）重铬酸钾氧化性很强（氧化率可达90%），可将大部分有机物氧化，但吡啶不被氧化，芳香族有机物不易被氧化；挥发性直链脂肪族化合物、苯等存在于蒸气相，不能与氧化剂液体接触，氧化不明显。氯离子能被重铬酸钾氧化，并与硫酸银作用生成沉淀，影响测定结果，在回流前加入适量硫酸汞去除。若氯离子含量过高应先稀释水样。

（3）COD值大于50mg/L，用0.25mol/L重铬酸钾氧化，用0.1mol/L硫酸亚铁铵标准溶液回滴；COD 值为 0～50mg/L，用 0.025mol/L 重铬酸钾氧化，用 0.01mol/L 硫酸亚铁铵标准溶液回滴。

（4）滴定终点颜色变化由黄色经蓝绿色至红褐色。

（5）重铬酸钾法测定 COD 适用于工业废水。

2. 其他方法

测定 COD 除重铬酸钾法，还可用在酸性高锰酸钾法和重铬酸钾法基础上建立起来的氧化还原电位滴定法和库仑滴定法，配以自动化的检测系统制成的 COD 测定仪测定。目前 COD 测定仪广泛应用于水质 COD 的连续监测。

（1）氧化还原电位滴定法。水样被自动输入到检测水槽与硫酸溶液、硫酸银溶液及高锰酸钾溶液经自动计量后，被自动输送到氧化还原反应槽，温度调节器将水浴温度自动调节到沸点，反应 30min 立即准确注入 10mL 草酸标准溶液，终止氧化反应。过量的草酸以高锰酸钾溶液回滴，用电位差计测定铂指示电极和饱和甘汞电极之间的电位差，以确定反应终点，求出高锰酸钾标准溶液的消耗量，用反应终点指示器将其滴定耗去的容量转化为电信号，经运算回路变为 COD 值。由自动记录仪记录。

（2）恒电流库仑分析法。水样与 0.05mol/L 高锰酸钾混合后在沸水浴中反应 30min，反应终了的溶液中加入 Fe^{3+}，将恒电流电解产生的 Fe^{2+} 作为库仑滴定剂，与溶液中剩余的高锰酸钾反应，当反应达到终点时，电解停止。由电流与时间可知电解所消耗电量。根据法拉第定律，求出剩余的高锰酸钾的量，计算出高锰酸钾的实际用量，并换算为 COD 值而显示读数。

（3）闭管回流分光光度分析法。在酸性介质中，恒温闭管回流一段时间，使试样中还原性物质被重铬酸钾氧化，同时铬由六价至三价。试样中 COD 与三价铬离子的浓度成正比，在波长 600nm 处测定试样吸光度，即可计算出水样的 COD。如分光光度计具有浓度直读功能，可直接从仪器上读出 COD 值。

2.4.2 高锰酸盐指数的测定

高锰酸盐指数是指在一定条件下，以高锰酸钾为氧化剂氧化水样中的还原性物质所消耗的高锰酸钾的量，以氧的 mg/L 来表示。

高锰酸盐指数的测定原理：水样在碱性或酸性条件下，加入一定量高锰酸钾溶液，沸水中加热 30min（以氧化水中的有机物），剩余的高锰酸钾溶液以过量草酸钠滴定，过量的草酸钠再用高锰酸钾溶液滴定，从而计算出高锰酸盐指数。

（1）国际标准化组织建议高锰酸盐指数仅限于测定地表水、饮用水和生活污水。

（2）高锰酸盐指数按介质不同，分为酸性高锰酸钾法和碱性高锰酸钾法。氯离子含量不超过 300mg/L 时，采用酸性高锰酸钾法；超过 300mg/L 时，采用碱性高锰酸钾法。

2.4.3 生化需氧量（BOD）的测定

生化需氧量是指在溶解氧充足的条件下，好氧微生物分解水中有机物的生物化学氧化过程中所消耗的溶解氧的量，以氧的 mg/L 表示。好氧微生物分解水中有机物的同时，也会因氧化硫化物、亚铁等还原性无机物质消耗溶解氧，但这部分溶解氧所占比例很小。

水体要发生生物化学过程必须具备的三个条件：①好氧微生物；②足够的溶解氧；③能被微生物利用的营养物质。

有机物在微生物作用下好氧分解分为两个阶段。

第一阶段称为碳化阶段，主要是含碳有机物氧化为二氧化碳和水，完成碳化阶段在20℃大约需20d。

第二阶段称为硝化阶段，主要是含氮有机化合物在硝化菌的作用下分解为亚硝酸盐和硝酸盐，完成硝化阶段在20℃大约需100d。

这两个阶段同时进行，但各有主次。微生物分解有机物是一个缓慢的过程。一般在碳化阶段开始5～10d后，硝化阶段刚刚开始。目前国内外广泛采用20±1℃培养5d所消耗的溶解氧的量，即BOD_5。

BOD_5是反映水体被有机物污染程度的综合指标，也是研究污水的可生化降解性和生化处理效果，以及生化处理污水工艺设计和动力学研究中的重要参数。

1. 标准稀释法（五日培养法）

标准稀释法测BOD_5原理：取两份水样，一份测其当时的溶解氧；另一份在20±1℃培养5d后，再测溶解氧，两者之差即为BOD_5。对溶解氧含量高、有机物含量较少的地面水，即水样的BOD_5未超过7mg/L，则不必进行稀释，可直接测定。

（1）稀释水。稀释水一般用蒸馏水配制，先通入经活性炭吸附及水洗处理的空气，曝气2～8h，使水中溶解氧接近于饱和。停止曝气亦可导入适量纯氧。瓶口盖以两层经洗涤晾干的纱布，置于20℃培养箱中数小时，使水中溶解氧的含量达8mg/L左右。临用前加入少量氯化钙、氯化铁、硫酸镁等营养盐溶液（保证微生物生长需要）及磷酸盐缓冲溶液，混匀备用。稀释水指标pH值7.2，BOD_5应小于0.2mg/L。

稀释目的是降低水样中有机物的浓度，使整个分解过程在有溶解氧的条件下进行。稀释程度应使培养中所消耗的溶解氧大于2mg/L，而剩余溶解氧在1mg/L以上。若剩余溶解氧小于1mg/L，减小稀释倍数，再测。

稀释倍数的确定有以下两个方面：

1）地面水可由测得的高锰酸盐指数乘以适当的系数求出稀释倍数。见表2.4。

2）工业废水可由重铬酸钾法测得的COD值确定。通常需做3个稀释比，即使用稀释水时，由COD分别乘以系数0.075、0.15、0.225，即获得3个稀释倍数；使用接种稀释水时，则分别乘以0.075、0.15和0.25，获得3个稀释倍数。

表2.4　高锰酸盐指数对应的系数

高锰酸盐指数（mg/L）	系　数	高锰酸盐指数（mg/L）	系　数
＜5	—	10～20	0.4、0.6
5～10	0.2、0.3	＞20	0.5、0.7、1.0

（2）接种。对于不含或少含微生物的工业废水，如酸性废水、碱性废水、高温废水或经过氯化处理的废水，在测定BOD_5时应进行接种，以引入能降解废水中有机物的微生物。当废水中存在着难被一般生活污水中的微生物以正常速度降解的有机物或有剧毒物质时，应将驯化后的微生物引入水样中进行接种。

可选择以下任一方法，以获得适用的接种液。

1）城市污水，一般采用生活污水，在室温下放置一昼夜，取上清液供使用。

2）表层土壤浸出液，取100g花园或植物生长土壤，加入1L水，混合并静置10min。

取上清液供使用。

3）用含城市污水的河水或湖水。

4）污水处理厂的出水。

5）当分析含有难于降解物质的废水时，在其排污口下游 3～8km 处取水样作为废水的驯化接种液。如无此种水源，可取中和或经适当稀释后的废水进行连续曝气，每天加入少量该种废水，同时加入适量表层土壤或生活污水，使能适应该种废水的微生物大量繁殖。

当水中出现大量絮状物，或检查其化学需氧量的降低值出现突变时，表明适用的微生物已进行繁殖，可用做接种液。

接种稀释水由分取适量接种液，加于稀释水中，混匀获得。指标 pH 值应为 7.2，BOD_5 值在 0.3～1.0mg/L 之间为宜。

（3）计算公式。对不经稀释直接培养的水样

$$BOD_5(mg/L)=C_1-C_2$$

式中：C_1 为水样在培养前溶解氧的浓度（mg/L）；C_2 为水样经 5d 培养后剩余溶解氧的浓度（mg/L）。

对稀释后培养的水样

$$BOD_5(mg/L)=\frac{(C_1-C_2)-(B_1-B_2)f_1}{f_2}$$

式中：B_1 为稀释水（或接种稀释水）在培养前的溶解氧的浓度（mg/L）；B_2 为稀释水（或接种稀释水）在培养后的溶解氧的浓度（mg/L）；f_1 稀释水（或接种稀释水）在培养液中所占比例；f_2 为水样在培养液中所占比例。

（4）标准稀释法适用于测定 BOD_5 大于等于 2mg/L，最大不超过 6000mg/L 的水样。当水样 BOD_5 大于 6000mg/L，会因稀释带来一定的误差。

2. 其他方法

目前测定 BOD 值常采用 BOD 测定仪，具有操作简单，重现性好，并可直接读取 BOD 值。

（1）检压库仑式 BOD 测定仪。在密闭系统中微生物分解有机物所消耗的氧气量用电解产生的氧气补给，从电解所需的氧气量来求得氧的消耗量，仪器自动显示测定结果，记录生化需氧量曲线。

（2）测压法。在密闭系统中微生物分解有机物消耗溶解氧会引起气压的变化，通过测定气压的变化，即可得出水样的 BOD 值。

（3）微生物电极法。用微生物电极求得微生物分解有机物消耗溶解氧量，仪器经标准 BOD 物质溶液校准后，可直接显示被测溶液的 BOD 值，并在 20min 内完成一个水样的测定。

除上述测定方法外，还有活性污泥法、相关估算法等。

2.4.4　总有机碳（TOC）

总有机碳是以碳的含量表示水体中有机物质总量的综合指标。由于 TOC 的测定采用燃烧法，因此能将有机物全部氧化，它比 BOD_5 或 COD 更能直接表示有机物的总量。因此常常被用来评价水体中有机物污染的程度。

4-氨基安替比林比色法测酚的最低检出浓度（用20nm的比色皿时）为0.1mg/L，萃取后，用30nm比色皿时，最低检出浓度为0.002mg/L，测定上限为0.12mg/L。该法适用于各类污水中酚含量的测定。

2.4.7 矿物油的测定

矿物油漂浮于水体表面，直接影响空气与水体界面之间的氧交换。分散于水体中的油常被微生物氧化分解，而消耗水中的溶解氧，使水质恶化。另外矿物油中还含有毒性大的芳烃类。矿物油的主要污染源有工业废水和生活污水，工业废水的石油类（各种烃的混合物）污染物主要来自于原油开采、加工运输、使用及炼油企业等。

矿物油的测量方法有称量法、非色散红外法、紫外分光光度法、荧光法、比浊法等。

1. 称量法

称量法测矿物油的原理是取一定量的水样，加硫酸酸化，用石油醚萃取矿物油，然后蒸发除去石油醚，称量残渣重，计算出矿物油的含量。

称量法测矿物油适用于含10mg/L矿物油的水样，不受油种类的限制。

2. 非色散红外法

非色散红外法测矿物油的原理：非色散红外法属于红外吸收法。利用石油类物质的甲基（$-CH_3$）、亚甲基（$-CH_2$）在近红外（3.4μm）有特征吸收，作为测定水样中油含量的基础。标准油采用受污染地点水中石油醚萃取物。根据原油组分特点，也可采用混合石油烃作为标准油，其组分为：十六烷：异辛烷苯＝25：10（体积）。测定时先用硫酸将水样酸化、加氯化钠破乳化，再用三氯三氟乙烷萃取，萃取液经过无水硫酸钠过滤、定容，注入红外油分析直接读取油含量。

非色散红外法测矿物油适用范围0.1～200mg/L的含油水样。

3. 紫外分光光度法

紫外分光光度法测矿物油的原理：石油及产品在紫外光区有特征吸收。带有苯环的芳香族化合物的主要吸收波长为250～260nm；带有共轭双键的化合物主要吸收波长为215～230nm；一般原油的两个吸收波长为225nm；原油与重质油可选254nm，轻质油及炼油厂的油品可选择225nm。水样用硫酸酸化，加氯化钠破乳化，然后用石油醚萃取物，用紫外分光光度法定量。紫外分光光度法的适用范围0.05～50mg/L含矿物油水样。

2.4.8 阴离子洗涤剂的监测

阴离子洗涤剂这里主要指直链烷基苯磺酸钠和烷基磺酸钠类物质。洗涤剂的污染会造成水面产生不易消失的泡沫，并消耗水中的溶解氧。

水中阴离子洗涤剂的测定方法，常用的是亚甲蓝分光光度法。

亚甲蓝分光光度法的原理：阴离子染料亚甲蓝与阴离子表面活性剂（包括直链烷基苯磺酸钠、烷基磺酸钠和脂肪醇硫酸钠）作用，生成蓝色的离子对化合物，这类能与亚甲蓝作用的物质统称亚甲蓝活性物质（MBAS）。生成的显色物可被三氯甲烷萃取，其色度与浓度成正比，并可用分光光度计在波长652nm处测量三氯甲烷层的吸光度。

亚甲蓝分光光度法适用于测定饮用水、地面水、生活污水及工业废水中溶解态的低浓度亚甲蓝活性物质，亦即阴离子表面活性物质。在实验条件下，主要被测物是直链烷基苯磺酸钠（LAS）烷基磺酸钠和脂肪醇硫酸钠。但亦可由于含有能与亚甲蓝起显色反应并被三氯甲烷萃取的物质而产生一定的干扰。当采用10mm比色皿，试样为100mL时，本法的最低检出浓度为0.050mg/LLAS，检测上限为2.0mg/LLAS。

学习情境2.5 生物学指标的测定

2.5.1 细菌总数的测定

细菌总数是指1mL水样在营养琼脂培养基中，于37℃经24h培养后，所生长的细菌菌落的总数。它是判断饮用水、水源水、地表水等污染程度的标志。

其主要测定程序如下：

（1）用作细菌检验的器皿、培养基等均需按方法要求进行灭菌，以保证所检出的细菌皆属被测水样所有。

（2）制备营养琼脂培养基。

（3）以无菌操作方法用1mL灭菌吸管吸取混合均匀的水样（或稀释水样）注入灭菌平皿中，倾注约15mL已融化并冷却到45℃左右的营养琼脂培养基，并旋摇平皿使其混合均匀。每个水样应做两份，还应另用一个平皿只倾注营养琼脂培养基作空白对照。待琼脂培养基冷却凝固后，翻转平皿，置于37℃恒温箱内培养24h，然后进行菌落计数。

（4）用肉眼或借助放大镜观察，对平皿中的菌落进行计数，求出1mL水样中的平均菌落数。报告菌落计数时，若菌落数在100以内，按实有数字报告；若大于100时，采用两位有效数字，用10的指数来表示。例如，菌落总数为37750个/mL，记作3.8×10^4个/mL。

2.5.2 总大肠菌群的测定

粪便中存在有大量的大肠菌群细菌，其在水体中存活时间和对氯的抵抗力等与肠道致病菌，如沙门氏菌、志贺氏菌等相似，因此将总大肠菌群作为粪便污染的指示菌是合适的。但在某些水质条件下，大肠菌群细菌在水中能自行繁殖。

总大肠菌群是指那些能在35℃、48h之内使乳糖发酵产酸、产气、需氧及兼性厌氧的、革兰氏阴性的无芽孢杆菌，以每升水样中所含有的大肠菌群的数目表示。

总大肠菌群的检验方法有发酵法和滤膜法。

发酵法可用于各种水样（包括底泥），但操作较繁琐，费时间。滤膜法操作简便、快速，但不适用于浑浊水样。因为这种水样常会把滤膜堵塞，异物也可能干扰菌种生长。

1. 多管发酵法

多管发酵法是根据大肠菌群细菌能发酵乳糖、产酸产气以及具备革兰氏染色阴性、无芽孢、呈杆状等特性进行检验的。其检验程序如下：

（1）配制培养基。检验大肠菌群需用多种培养基，有乳糖蛋白胨培养液、三倍浓缩乳糖蛋白胨培养液、品红亚硫酸钠培养基、伊红美蓝培养基。

（2）初步发酵试验。该试验基于大肠菌群能分解乳糖生成二氧化碳等气体的特征，而水体中某些细菌不具备此特点。但是，能产酸、产气的绝非仅属于大肠菌群，故还需进行复发酵试验予以证实。初步发酵试验方法是在灭菌操作条件下，分别取不同量水样于数支装有三倍浓缩乳糖蛋白胨培养液或乳糖蛋白胨培养液的试管中（内有倒管），得到不同稀释度的水样培养液，于37℃恒温培养24h。

（3）平板分离。水样经初步发酵试验培养24h后，将产酸、产气及只产酸的发酵管分别接种于品红亚硫酸钠培养基或伊红美蓝培养基上，于37℃恒温培养24h，挑选出符合下列特征的菌落，取菌落的一小部分进行涂片、革兰氏染色、镜检。

品红亚硫酸钠培养基上的菌落：紫红色，具有金属光泽的菌落；深红色，不带或略带金属光泽的菌落；淡红色，中心色较深的菌落；

伊红美蓝培养基上的菌落：深紫黑色，具有金属光泽的菌落；紫黑色，不带或略带金属光泽的菌落；淡紫红色，中心色较深的菌落。

（4）复发酵试验。上述涂片镜检的菌落如为革兰氏阴性无芽孢杆菌，则取该菌落的另一部分再接种于装有乳糖蛋白胨培养液的试管（内有倒管）中，每管可接种分离自同一初发酵管的最典型菌落1～3个，于37℃恒温培养24h，有产酸产气者，即证实有大肠菌群存在。

（5）大肠菌群计数。根据证实有大肠菌群存在的阳性管数，查总大肠菌群数检数表（略），报告每升水样中的总大肠菌群数。

对不同类型的水，视其总大肠菌群数的多少，用不同稀释度的水样试验，以便获得较准确的结果。总大肠菌群数检验流程归纳于图2.1。

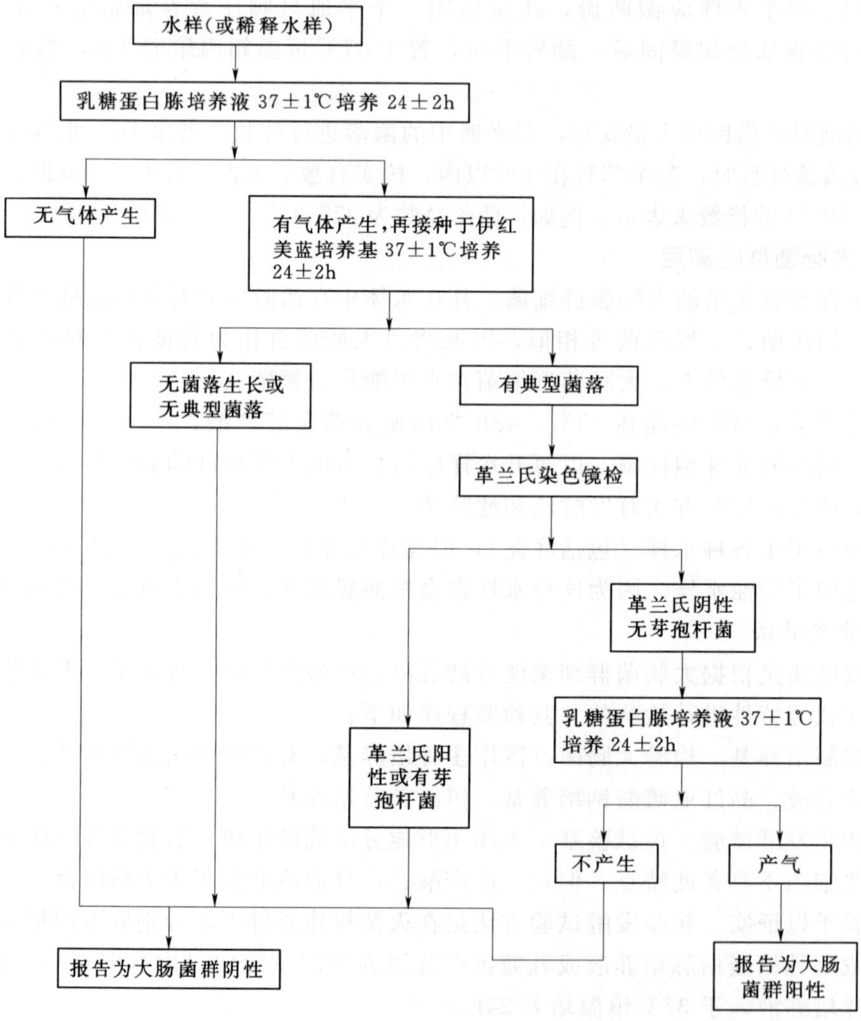

图2.1　总大肠菌群检验流程图

2. 滤膜法

将水样注入已灭菌、放有微孔滤膜（孔径 0.45μm）的滤器中，经抽滤，细菌被截留在膜上，将该滤膜贴于品红亚硫酸钠培养基上，37℃恒温培养 24h，对符合发酵法所述特征的菌落进行涂片、革兰氏染色和镜检。凡属革兰氏阴性无芽孢杆菌者，再接种于乳糖蛋白胨培养液或乳糖蛋白胨半固体培养基中，在 37℃恒温条件下，前者经 24h 培养产酸产气者，或后者经 6～8h 培养产气者，则判定为总大肠菌群阳性。

由滤膜上生长的大肠菌群菌落总数和所取过滤水样量，按下式计算 1L 水中总大肠菌群数：

$$\text{总大肠菌群数(L)}=\frac{\text{所计数的大肠杆菌菌落数}\times 1000}{\text{过滤水样量(mL)}}$$

2.5.3　其他细菌的测定

为区别存在于自然环境中的大肠菌群细菌和存在于温血动物肠道内的大肠菌群细菌，可将培养温度提到 44.5℃，在此条件下仍能生长并发酵乳糖产酸产气者，称为粪大肠菌群。粪大肠菌群也用多管发酵法或滤膜法测定。

沙门氏菌属是常常存在于污水中的病源微生物，也是引起水传播疾病的重要来源。由于其含量很低，测定时需先用滤膜法浓缩水样，然后进行培养和平板分离，最后，再进行生物化学和血清学鉴定，确定一定体积水样中是否存在沙门氏细菌。

链球菌（通称粪链球菌）也是粪便污染的指示菌。这种菌进入水体后，在水中不再自行繁殖，这是它作为粪便污染指示菌的优点。此外，由于人粪便中大肠菌群数多于粪链球菌，而动物粪便中粪链球菌多于粪大肠菌群，因此，在水质检验时，根据这两种菌菌数的比值不同，可以推测粪便污染的来源。当该比值大于 4 时，则认为污染主要来自人粪；如比值小于或等于 0.7，则认为污染主要来自温血动物；如比值小于 4 而大于 2，则为混合污染，但以人粪为主；如比值小于或等于 2，而大于或等于 1，则难以判定污染来源。粪链球菌数的测定也采用多管发酵法或滤膜法。

学习情境 2.6　底质样品中污染物的测定

底质试样中所含污染物的测定，一般可分为金属成分、无机成分和有机成分的分析测定，用上一节中所述的分解与浸提方法制备的试样，不适合于测定有机污染成分，当需要测定有机物时，可参照相关部分。

当分析金属成分时，根据监测目的选择全分解方法或酸溶法制备试样后，按水样分析方法进行分析。

当需分析非金属类无机污染成分时，可用水浸法制备试样后，按水样分析方法进行测定。一般底质试样往往比污水和地表水基体复杂，在选择分析方法后，应先进行加标回收试验，检查是否存在基体干扰成分，否则须选择适当方法消除共存成分干扰或选择可行的基体改良方法。

思　考　题

1. 什么叫水体、水体污染和水体污染物？

2. 水体污染分为哪几种类型？

3. 根据地表水环境质量标准，我国地表水根据环境功能和保护目标不同，分为哪几类？分别适用于哪些功能水域？

4. 地面水监测断面的设置有何原则？

5. 工业废水采样点的设置有何原则？

6. 怎样确定地下水采样时间和频率？

7. 怎样确定底质监测的采样断面和采样点的位置？

8. 容器材质与水样之间有哪些相互作用？怎样选择水样储存容器？

9. 地面水样的采集有哪些主要方法？有哪些常用的水样采集器？

10. 采集地表水样时一般要注意哪些事项？

11. 废水样品的采集有哪些主要的采样方法？

12. 水样的运输要注意哪些问题？

13. 影响水样变化的因素有哪些？

14. 水样的保存有哪些主要方法？

15. 水样预处理有什么目的，有哪些主要的水样预处理方法？

16. 用原子吸收分光光度法测定金属化合物的原理是什么？

17. 某分析人员取工业废水样 20mL，加 10mL0.25mol/L 重铬酸钾标准溶液，按操作步骤沸腾回流 2h，加水稀释至 140mL。以 0.1033mol/L 的硫酸亚铁铵标准溶液滴定用去 19.55mL，（全程序）空白测定消耗该标准溶液 24.92mL。计算此工业废水的 COD 值。

学习项目3　水体监测方案的制定

学习目标：本项目根据不同的水体分类共分4个学习情境，分别介绍了不同的水体的监测方案的制定，在学习情境3.4中详细介绍了常见水体的监测项目；本项目的学习要达到以下目的：

1. 掌握水体监测相关基础资料的收集。
2. 掌握水样的采集方法、采集地点的布设以及采集频率的确定方法和原则。
3. 掌握不同水体监测方案的制定程序及不同水体监测方案之间的区别。
4. 能够制定单的水质监测方案。

监测方案是一项监测任务的总体构思和设计，制定时必须首先明确监测目的，然后在调查研究的基础上确定监测对象、设计监测网点，合理安排采样时间和采样频率，选定采样方法和分析测定技术，提出监测报告要求，制定质量保证程序、措施和方案的实施计划等。

水质监测可分为环境水体监测和水污染源监测。代表水环境现状的水体包括地表水（江、河、湖、水库、海水）和地下水；水污染源包括生活污水、医院污水及各种废水。对它们进行监测的目的可概括为以下几个方面。

（1）对进入江、河、湖泊、水库、海洋等地表水体的污染物质及渗透到地下水中的污染物质进行经常性的监测，以掌握水质现状及其发展趋势。

（2）对生产过程、生活设施及其他排放源排放的各类废水进行监视性监测，为污染源管理和排污收费提供依据。

（3）对水环境污染事故进行应急监测，为分析判断事故原因、危害及采取对策提供依据。

（4）为国家政府部门制定环境保护法规、标准和规划，全面开展环境保护管理工作提供有关数据和资料。

（5）为开展水环境质量评价、预测预报及进行环境科学研究提供基础数据和手段。

总之，监测是环境保护技术的重要组成部分，是为了解环境状况质量和评价环境状况质量提供数据、资料和信息；同时也为制定环境管理，各项法律法规，提供科学依据。环境水质监测是环境保护不可缺少的手段。

学习情境3.1　地面水监测方案的制定

3.1.1　基础资料的收集

在制定监测方案之前，应尽可能完备地收集欲监测水体及所在区域的有关资料。

（1）水体的水文、气候、地质和地貌资料。如水位、水量、流速及流向的变化；降雨量、蒸发量及历史上的水情；河流的宽度、深度、河床结构及地质状况；湖泊沉积物的特性、间温层分布、等深线等。

（2）水体沿岸城市分布、工业布局、污染源及其排污情况、城市给排水情况等。

（3）水体沿岸的资源现状和水资源的用途、饮用水源分布和重点水源保护区、水体流域土地功能及近期使用计划等。

（4）历年的水质资料等。

（5）水资源的用途、饮用水源分布和重点水源保护区。

（6）实地勘察现场的交通情况、河宽、河床结构、岸边标志等。对于湖泊，还需了解生物、沉积物特点、间温层分布、容积、平均深度、等深线和水更新时间等。

（7）收集原有的水质分析资料或在需要设置断面的河段上设若干调查断面进行采样分析。

3.1.2　监测断面和采集点的设置

在对调查研究结果和有关资料进行综合分析的基础上，根据监测目的和监测项目，并考虑人力、物力等因素确定监测断面和采样点。同时还要考虑实际采样时的可行性和方便性。

1. 监测断面的设置原则

监测断面的设置原则的确定，主要考虑水质变化较为明显、特定功能水域或有较大的参考意义的水体，具体来讲可概述为六个方面。

（1）有大量废水排入河流的主要居民区、工业区的上游和下游。

（2）湖泊、水库、河口的主要入口和出口。

（3）较大支流汇合口上游和汇合后与干流充分混合处；入海河流的河口处；受潮汐影响的河段和严重水土流失区。

（4）国际河流出入国境线的出入口处。

（5）饮用水源区、水资源集中的水域、主要风景游览区、水上娱乐区及重大水力设施所在地等功能区。

（6）应尽可能与水文测量断面重合，并要求交通方便，有明显的岸边标志。

监测断面的设置数量，应根据掌握水环境质量状况的实际需要，考虑对污染物时空分布和变化规律的了解、优化的基础上，以最少的断面、垂线和测点取得代表性最好的监测数据。

2. 河流监测断面的设置

对于江、河水系或某一河段，要求设置对照断面、控制断面和削减断面（见图3.1）。

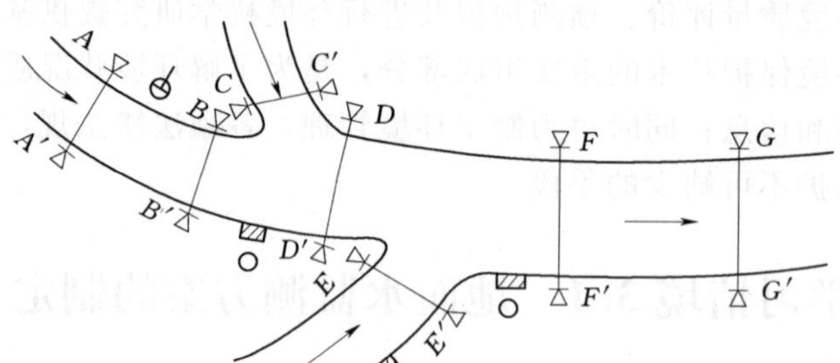

→ 水流方向；⊖自来水厂取水点；○ 污染源；▨ 排污口；A—A′对照断面；G—G′削减断面；B—B′、C—C′、D—D′、E—E′、F—F′控制断面

图3.1　河流监测断面设置示意图

（1）对照断面：为了解流入监测河段前的水体水质状况而设置。这种断面应设在河流进入城市或工业区以前的地方，避开各种废水、污水流入或回流处。一个河段一般只设一个对照断面。有主要支流时可酌情增加。

（2）控制断面：为评价、监测河段两岸污染源对水体水质影响而设置。控制断面的数目应数据城市的工业布局和排污口分布情况而定，断面的位置与废水排放口的距离应根据主要污染物的迁移、转化规律，河水流量和河道水力学特征确定，一般设在排污口下游500～1000m 处。因为在排污口下游 500m 横断面上的 1/2 宽度处重金属浓度一般出现高峰值。对特殊要求的地区，如水产资源区、风景游览区、自然保护区、与水源有关的地方病发病区、严重水土流失区及地球化学异常区等的河段上也应设置控制断面。

（3）削减断面：是指河流受纳废水和污水后，经稀释扩散和自净作用，使污染物浓度显著下降。其左、中、右三点浓度差异较小的断面，通常设在城市或工业区最后一个排污口下游 1500m 以外的河段上。水量小的小河流应视具体情况而定。

（4）背景断面：有时为了取得水系和河流的背景监测值，还应设置背景断面。这种断面上的水质要求基上未受人类活动的影响，应设在清洁河段上。

3. 河流采样点位的确定

设置监测断面后，应根据水面的宽度确定断面上的采样垂线，再根据采样垂线的深度确定采样点位置和数目。在一个监测断面上设置的采样垂线数与各垂线上的采样点数应符合表 3.1 和表 3.2，湖（库）监测垂线上的采样点的布设应符合表 3.3。

表 3.1　　采样垂线数的设定

水面宽	垂　线　数	说　　明
≤50m	一条（中涨）	1. 垂线布设应避开污染带，要测污染带应另加第一线 2. 确能证明该断面水质均匀时，可仅设中泓垂线 3. 凡在该断面要计算污染通量时，必须按本表设置垂线
50～100m	二条（近左、右岸有明显水流处）	
>100m	三条（左、中、右）	

表 3.2　　采样垂线上的采样点数的设置

水　深	采样点数	说　　明
≤5m	上层一点	1. 上层指水面下层 0.5m 处，水深不到 0.5m 时，在水深 1/2 处 2. 下层指河底以上 0.5m 处 3. 中层指 1/2 水深处 4. 封冻时在冰下 0.5m 处采样，水深不到 0.5m 处时，在水深 1/2 处采样 5. 凡在该断面要计算污染物通量时，必须按本表设置采样点
5～10m	上、下层两点	
>10m	上、中、下三 层三点	

表 3.3　　湖（库）监测垂线采样点的设置

水　深	分层情况	采　样　点　数	说　　明
≤5m		一点（水面下 0.5m 处）	1. 分层是指湖水温度分层状况 2. 水深不足 1m，在 1/2 水深处设置测点 3. 有充分数据证实垂线水质均匀时，可酌情减少测点
5～10m	不分层	二点（水面下 0.5m，水底上 0.5m）	
5～10m	分层	三点（水面下 0.5m，1/2 斜温层，水底上 0.5m 处）	
>10m		降水面下 0.5m，水底上 0.5m 外，按每一斜温分层 1/2 处设置	

4. 湖泊、水库监测垂线的布设

湖泊、水库通常只设监测垂线，如有特殊情况可参照河流的有关规定设置监测断面（见图3.2）。

（1）湖（库）区的不同水域，如进水区、出水区、深水区、浅水区、湖心区、岸边区，按水体类别设置监测垂线。

（2）湖（库）区若无明显功能区别，可用网格法均匀设置监测。

（3）受污染物影响较大的重要湖泊、水库，应在污染物的主要输送路线上设置控制断面。

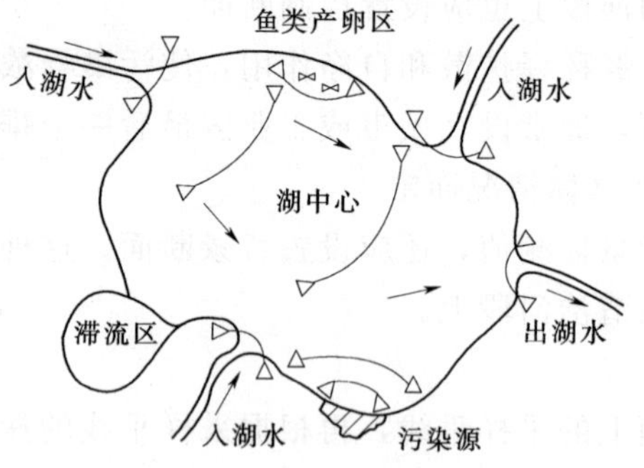

图3.2　湖泊监测断面的设置
（△——△为监测断面）

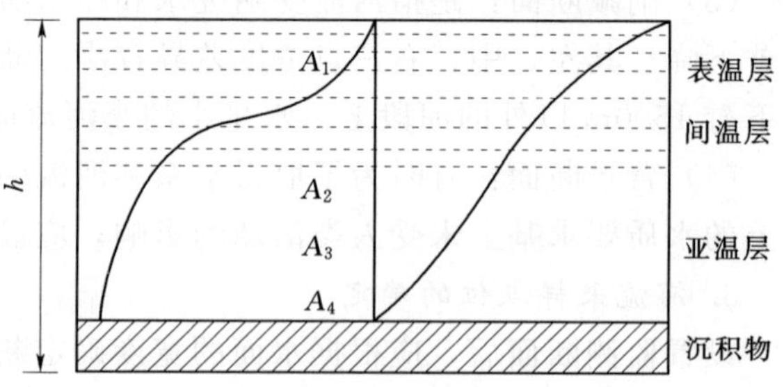

图3.3　各温层采样点设置示意图
A_1—表温层中；A_2—间温层下；A_3—亚温层中；
A_4—沉积物与水介质交界面上约1m处；h—水深

垂线上采样点位置和数目的确定方法与河流相同。如果存在间温层，应先测定不同水深处的水温、溶解氧等参数，确定成层情况后再确定垂线上采样点的位置，如图3.3所示。

监测断面和采样点的位置确定后，其所在位置应该固定明显的岸边天然标志。如果没有天然标志物，则应设置人工标志物，如竖石柱、打木桩等。每次采样要严格以标志物为准，使采集的样品取自同一位置上，以保证样品的代表性和可比性。

5. 采样时间和采样频率的确定

为使采集的水样具有代表性，能够反映水质在时间和空间上的变化规律，必须确定合理的采样时间和采样频率，力求以最低的采样频次，取得最有时间代表性的样品，既要满足能反映水质状况的要求，又要切实可行。一般原则是：

（1）饮用水源地、省（自治区、直辖市）交界断面中需要重点控制的监测断面每月至少采样一次。

（2）国控水系、河流、湖、库上的监测断面，逢单月采样一次，全年六次。

（3）水系的背景断面每年采样一次。

（4）受潮汐影响的监测断面采样，分别在大潮期和小潮期进行。每次采集涨、退潮水样分别测定。涨潮水样应在断面处水面涨平时采样，退潮水样应在水面退平时采样。

（5）如某必须项目连续三年均未检出，且在断面附近确定无新增排放源，而现有污染源排污量未增的情况下，每年可采样一次进行测定。一旦检出，或在断面附近有新的排放源或现有污染源有新增排污量时，即恢复正常采样。

(6) 国控监测断面（或垂线）每月采样一次，在每月 5～10 日内进行采样。

(7) 遇有特殊自然情况，或发生污染事故时，要随时增加采样频次。

学习情境 3.2　水污染源监测方案的制定

水污染源包括工业废水源、生活污水源，医院污水源等。工业生产过程中排出的水称为废水。包括工艺过程用水、机器设备冷却水、烟气洗涤水、漂白水、设备和场地清洗水等。由居民区生活过程中排出物形成的、含公共污物的水称之为污水。污水中主要含有洗涤剂、粪便、细菌、病毒等，进入水体后，大量消耗水中的溶解氧，使水体缺氧，自净能力降低，其分解产物具有营养价值，引起水体富营养化，细菌病毒还可能引发疾病。

废水和污水采样是污染源调查和监测的主要工作之一，而污染源调查和监测是监测工作的一个重要方面，是环境管理和治理的基础。

3.2.1　采样前的调查研究

要保证采样地点、采样方法可靠并使水样有代表性，必须在采样前进行调查研究工作，包括以下几个方面的内容。

(1) 调查工业用水情况。工业用水一般分生产用水和管理用水。生产用水主要包括工艺用水、冷却用水、漂白用水等。管理用水主要包括地面与车间冲洗用水、洗浴用水、生活用水等。

需要调查清楚工业用水量、循环用水量、废水排放量、设备蒸发量和渗漏损失量。可用水平衡计算和现场测量法估算各种用水量。

(2) 调查工业废水类型。工业废水可分为物理污染废水、化学污染废水、生物及生物化学污染废水三种主要类型以及混合污染废水。

通过生产工艺的调查，计算出排放水量并确定需要监测的项目。

(3) 调查工业废水的排污去向。调查内容有：①车间、工厂或地区的排污口数量和位置；②直接排入还是通过渠道排入江、河、湖、库、海中，是否有排放渗坑。

3.2.2　采样点的设置

水污染源一般经管道或沟、渠排放，水的截面积比较小，不需设置断面，而直接直接确定采样点位。

(1) 工业废水。

1) 在车间或车间设备出口处应布点采样测定第一类污染物。所谓第一类污染物即毒性大、对人体健康产生长远不良影响的污染物，这些污染物主要包括汞、镉、砷、铅和它们的无机化合物、六价铬的无机化合物、有机氯和强致癌物质等。

2) 在工厂总排污口处应布点采样测定第二类污染物。所谓第二类污染物即除第一类污染物之外的所有污染物，这些污染物有：悬浮物、硫化物、挥发酚、氰化物、有机磷、石油类、铜、锌、氟及它们的无机化合物、硝基苯类、苯胺类等。

3) 有处理设施的工厂应在处理设施的排出口处布点。为了解对废水的处理效果，可在进水口和出水口同时布点采样。

4) 在排污渠道上，采样点应设在渠道较直、水量稳定、上游没有污水汇入处。

5）某些二类污染物的监测方法尚不成熟，在总排污口处布点采样监测因干扰物质多而会影响监测结果。这时，应将采样点移至车间排污口，按废水排放量的比例折算成总排污口废水中的浓度。

（2）生活污水和医院污水。采样点设在污水总排放口，对污水处理厂，应在进、出口分别设置采样点采样监测。

3.2.3 采样时间和频率的确定

（1）监督性监测。地方环境监测站对污染源的监督性监测每年不少于1次，如被国家或地方环境保护行政主管部门列为年度监测的重点排污单位，应增加到2～4次。因管理或执法的需要所进行的抽查性监测或企业的加密监测由各级环境保护行政主管部门确定。

生活污水每年采样监测二次，春夏季各一次，医院污水每年采样监测4次，每季度一次。

（2）企业自我监测。工业废水按生产周期和生产特点确定监测频率。一般每个生产日至少3次。排污单位为了确认自行监测的采样频次，应在正常生产条件下的一个生产周期内进行加密监测。周期在8h以内的，每小时采1次样；周期大于8h的，每2h采1次样，但每个生产周期采样次数不少于3次，采样的同时测定流量，根据加密监测结果，绘制污水污染物排放曲线（浓度—时间，流量—时间，总量—时间），并与所掌握资料对照，如基本一致，即可据此确定企业自行监测的采样频次。根据管理需要进行污染源调查性监测时，也按此频次采样。

排污单位如有污水处理设施并能正常运转使污水能稳定排放，则污染物排放曲线比较平稳，监督监测可以采瞬时样；对于排放曲线有明显变化的不稳定排放污水，要根据曲线情况分时间单元采样，再组成混合样品。正常情况下，混合样品的单元采样不得少于两次。如排放污水的流量、浓度甚至组分都有明显变化，则在各单元采样时的采样量应与当时的污水流量成比例，以使混合样品更有代表性。

（3）对于污染治理、环境科研、污染源调查和评价等工作中的污水监测，其采样频次可以根据工作方案的要求另行确定。

学习情境3.3 地下水水质监测方案的制定

储存在土壤和岩石空隙（孔隙、裂隙、溶隙）中的水统称地下水。地下水埋藏在地层的不同深度，相对地面水而言，其流动性和水质参数的变化比较缓慢。地下水质监测方案的制定过程与地面水基本相同。

3.3.1 调查研究和收集资料

（1）收集、汇总监测区域的水文、地质、气象等方面的有关资料和以往的监测资料。例如，地质图、剖面图、测绘图、水井的成套参数、含水层、地下水补给、径流和流向，以及温度、湿度、降水量等。

（2）调查监测区域内城市发展、工业分布、资源开发和土地利用情况，尤其是地下工程规模、应用等；了解化肥和农药的施用面积和施用量；查清污水灌溉、排污、纳污和地面水污染现状。

（3）测量或查知水位、水深，以确定采水器和泵的类型，所需费用和采样程序。

（4）在完成以上调查的基础上，确定主要污染源和污染物，并根据地区特点与地下水的主要类型把地下水分成若干个水文地质单元。

3.3.2 采样点的设置

由于地质结构复杂，使地下水采样点的设置也变得复杂，自监测井采集的水样只代表含水层平行和垂直的一小部分，所以，必须合理地选择采样点。

（1）地下水采样井布设的原则。

1）全面掌握地下水水资源质量状况，对地下水污染进行监视、控制。

2）根据地下水类型分区与开采强度分区，以主要开采层为主布设，兼顾深层和自流地下水。

3）尽量与现有地下水水位观测井网相结合。

4）采样井布设密度为主要供水区密，一般地区稀；城区密，农村稀；污染严重区密，非污染区稀。

5）不同水质特征的地下水区域应布设采样井。

6）专用站按监测目的与要求布设。

（2）地下水采样井布设方法与要求。在下列地区应布设采样井：①以地下水为主要供水水源的地区；②饮水型地方病（如高氟病）高发地区；③污水灌溉区，垃圾堆积处理场地区及地下水回灌区；④污染严重区域。

（3）平原（含盆地）地区地下水采样井布设密度一般为1眼/200km^2，重要水源地或污染严重地区可适当加密；沙漠区、山丘区、岩溶山区等可根据需要，选择典型代表区布设采样井。

（4）一般水资源质量监测及污染控制井根据区域水文地质单元状况，视地下水主要补给来源，可在垂直于地下水流的垂直上方，设置一个至数个背景值监测井。或根据本地区地下水流向、污染源分布状况及活动类型与分布特征，采用网格法或放射法布设。

（5）多级深度井应沿不同深度布设数个采样点。

3.3.3 采样时间与频率的确定

（1）背景井点每年采样一次。

（2）全国重点基本站每年采样两次，丰、枯水期各一次。

（3）地下水污染严重的控制井，每季度采样一次。

（4）在以地下水作生活饮用水源的地区每月采样一次。

（5）专用监测井按设置目的与要求确定。

学习情境3.4 水体监测项目

监测项目依据水体功能和污染源的类型不同而异，其数量繁多，但受人力、物力、经费等各种条件的限制，不可能也没有必要一一监测，而应根据实际情况，选择环境标准中要求控制的危害大、影响范围广，并已建立可靠分析测定方法的项目。根据该原则，发达国家相继提出优先监测污染物。例如，美国环境保护局（EPA）在“清洁水法”（CWA）中规定了129种优先监测污染物；前苏联卫生部公布了561种有机污染物在水中的极限允许浓度；我国环境监测总站提出了68种水环境优先监测污染物名单。

下面介绍我国《环境监测技术规范》中对地面水和废水规定的监测项目。

3.4.1　地面水监测项目

地面水监测项目见表3.4。

表3.4　地面水监测项目

	必测项目	选测项目
河流①	水温、pH、悬浮物、总硬度、电导率、溶解氧、化学需氧量、五日生化需氧量、氨氮、亚硝酸盐氮、硝酸盐氮、挥发酚、氰化物、砷、汞、六价铬、铅、镉、石油类等	硫化物、氟化物、氯化物，有机氯农药、有机磷农药、总铬、铜、锌、大肠菌群、总α、总β、铀、镭、钍等
饮用水源地	水温、pH、浊度、总硬度、溶解氧、化学需氧量、五日生化需氧量、氨氮、亚硝酸盐氮、硝酸盐氮、挥发酚、氰化物、砷、汞、六价铬、铅、镉、氟化物、细菌总数、大肠菌群等	锰、铜、锌、阴离子洗涤剂、硒、石油类、有机氯农药、有机磷农药、硫酸盐、碳酸盐等
湖泊、水库	水温、pH、悬浮物、总硬度、溶解氧、透明度、总氮、总磷、化学需氧量、五日生化需氧量、挥发酚、氰化物、砷、汞、六价铬、铅、镉等	钾、钠、藻类（优势种）、浮游藻、可溶性固体总量、铜、大肠菌群等
排污河（渠）	根据纳污情况确定	
底泥	砷、汞、铬、铅、镉、铜等	硫化物、有机氯农药、有机磷农药等

①　潮汐河流潮汐界内必测项目应增加氯度、总氮、总磷等的测定。

饮用水保护区或饮用水源的江河除监测常规项目外，必须注意剧毒和“三致”有毒化学品的监测。

3.4.2　工业废水监测项目

工业废水监测项目见表3.5。

表3.5　工业废水监测项目

类别	监测项目
黑色金属矿山（包括磁铁矿、赤铁矿、锰矿等）	pH、悬浮物、硫化物、铜、铅、锌、镉、汞、六价铬等
黑色冶金（包括选矿、烧结、炼焦、炼铁、炼钢、轧钢等）	pH、悬浮物、化学需氧量、硫化物、氟化物、挥发酚、氰化物、石油类、铜、铅、锌、砷、镉、汞等
选矿药剂	化学需氧量、生化需氧量、悬浮物、硫化物、挥发酚等
有色金属矿山及冶炼（包括选矿、烧结、冶炼、电解、精炼等）	pH、悬浮物、化学需氧量、硫化物、氟化物、挥发酚、铜、铅、锌、砷、镉、汞、六价铬等
火力发电、热电	pH、悬浮物、硫化物、砷、铅、镉、挥发酚、石油类、水温等
煤矿（包括洗煤）	pH、悬浮物、砷、硫化物等
焦化	化学需氧量、生化需氧量、悬浮物、硫化物、挥发酚、氰化物、石油类、氨氮、苯类、多环芳烃、水温等
石油开发	pH、化学需氧量、生化需氧量、悬浮物、硫化物、挥发酚、石油类等

续表

类　别		监测项目
石油炼制		pH、化学需氧量、生化需氧量、悬浮物、硫化物、挥发酚、氰化物、石油类、苯类、多环芳烃等
化学矿开采	硫铁矿	pH、悬浮物、硫化物、铜、铅、锌、镉、汞、砷、六价铬等
	雄黄矿	pH、悬浮物、硫化物、砷等
	磷矿	pH、悬浮物、氟化物、硫化物、砷、铅、磷等
	萤石矿	pH、悬浮物、氟化物等
	汞矿	pH、悬浮物、硫化物、砷、汞等
无机原料	硫酸	pH（或酸度）、悬浮物、硫化物、氟化物、铜、铅、锌、镉、砷等
	氯碱	pH（或酸、碱度）、化学需氧量、悬浮物、汞等
	铬盐	pH（或酸度）、总铬、六价铬等
有机原料		pH（或酸、碱度）、化学需氧量、生化需氧量、悬浮物、挥发酚、氰化物、苯类、硝基苯类、有机氯等
化肥	磷肥	pH（或酸度）、化学需氧量、悬浮物、氟化物、砷、磷等
	氮肥	化学需氧量、生化需氧量、挥发酚、氰化物、硫化物、砷等
橡胶	合成橡胶	pH（或酸、碱度）、化学需氧量、生化需氧量、石油类、铜、锌、六价铬、多环芳烃等
	橡胶加工	化学需氧量、生化需氧量、硫化物、六价铬、石油类、苯、多环芳烃等
塑料		化学需氧量、生化需氧量、硫化物、氰化物、铅、砷、汞、石油类、有机氯、苯类、多环芳烃等
化纤		pH、化学需氧量、生化需氧量、悬浮物、铜、锌、石油类等
农药		pH、化学需氧量、生化需氧量、悬浮物、硫化物、挥发酚、砷、有机氯、有机磷等
制药		pH（或酸、碱度）、化学需氧量、生化需氧量、石油类、硝基苯类、硝基酚类、苯胺类等
染料		pH（或酸、碱度）、化学需氧量、生化需氧量、悬浮物、挥发酚、硫化物、苯胺类、硝基苯类等

3.4.3 生活污水监测项目

化学需氧量、生化需氧量、悬浮物、氨氮、总氮、总磷、阴离子洗涤剂、细菌总数、大肠菌群等。

3.4.4 医院污水监测项目

pH、色度、浊度、悬浮物、余氯、化学需氧量、生化需氧量、致病菌、细菌总数、大肠菌群等。

3.4.5 地下水监测项目

地下水监测项目主要根据地下水在本地区的天然污染，工业与生活污染状况和环境管理的需要确定。地下水水质监测项目要求如下。

（1）全国重点基本站应符合表3.6中必测项目要求，并根据地下水用途选测有关监测项目。

表 3.6 地下水监测项目

必测项目	选测项目
pH、溶解性总固体、总硬度、氯化物、氟化物、硫酸盐、氨氮、硝酸盐氮、亚硝酸盐氮、高锰酸钾指数、挥发性酚、氰化物、砷、汞、六价铬、铅、铁、锰、大肠菌群	色、臭和味、浊度、肉眼可见物、铜、锌、钼、钴、阴离子合成洗涤剂、碘化物、硒、铍、钡、镍、六六六、滴滴涕、细菌总数、总α放射性、总β放射性

(2) 源性地方病源流行地区应另增测碘、钼等项目。

(3) 工业用水应另增测侵蚀性二氧化碳、磷酸盐、总可溶性固体等项目。

(4) 沿海地区应另增测碘等项目。

(5) 矿泉水应增测硒、锶、偏硅酸等项目。

(6) 农村地下水，可选测有机氯、有机磷农药及凯氏氮等项目；有机污染严重区域选测苯系物、烃类、挥发性有机碳和可溶性有机碳等项目。

思考题

1. 简要叙述地表水的采样方法？
2. 在水样保存、运输过程中有哪些注意事项？
3. 地表水水质监测方案中如何收集基础资料？
4. 简述如何设置地下水采样点。
5. 地下水水质监测的必测项目有哪些？(至少写出5项)

学习项目4 水样的采集与预处理

学习目标：本项目共分2个学习情境，分别介绍水样的采集、运输、保存和水样的预处理，本项目的学习，要达到以下目的：

1. 掌握水样的采集方法。
2. 掌握水样的运输和保存方法，对不同的水体能够选择相应的保存方法。
3. 掌握水样消解的方法和目的。
4. 掌握不同水样的分离富集的方法。

学习情境4.1 水样的采集与保存

水样的采集和保存是水质分析的重要环节之一。一旦这个环节出现问题，后续的分析测试工作无论多么严密、准确无误，其结果也是毫无意义的，也将会误导环境执法或环境评价工作。因此，欲获得准确、可靠的水质分析数据，水样采集和保存方法必须规范、统一，并要求各个环节都不能有疏漏。

水样采集和保存的主要原则是：

（1）水样必须具有足够的代表性。

（2）水样必须不受任何意外的污染。

水样的代表性是指水样中各种组分的含量都能符合被测水体的真实情况，真实代表性的水样必须选择合理的采样位置、采样时间和科学的采样技术。

4.1.1 认识水样

对于天然水体，为了采集具有代表性的水样，就要根据分析目的和现场实际情况来选定采集样品的类型和采样方法；对于工业废水和生活污水，应根据生产工艺、排污规律和监测目的，针对其流量和浓度都随时间而变化的非稳态流体特性，科学、合理地设计水样采集的种类和采样方法。归纳起来，水样类型有六种。

（1）瞬时水样。瞬时水样是指在某一定的时间和地点从水中（天然水体或废水排水口）随机采集的分散水样。其特点是监测水体的水质比较稳定，瞬时采集的水样已具有很好的代表性。

对一些水质略有变化的天然水体或工业废水，也可按一定时间间隔采集多个瞬时水样，绘制出浓度（c）—时间（t）关系曲线，并计算其平均浓度和高峰浓度，掌握水质的变化规律。

（2）等时混合水样（平均混合水样）。等时混合水样是指某一时段内（一般为一昼夜或一个生产周期），在同一采样点按照相等时间间隔采集等体积的多个水样，经混合均匀后得到等时混合水样。此采样方式适用于废水流量较稳定（变化小于20%时），但水体中污染物浓度随时间有变化的废水。

（3）等时综合水样。综合水样是指在不同采样点同时采集的各个瞬时水样经混合后所得到的水样。这种水样在某些情况下更具有实际意义，适用于在河流主流、多个支流和多个排污点处同时采样，或在工业企业内各个车间排放口同时采集水样的情况，以综合水样得到的水质参数作为水处理工艺设计的依据更有价值。

（4）等比例混合水样（平均比例混合水样）。等比例混合水样是指某一时段内，在同一采样点所采集水样量随时间或流量成比例变化，经混合均匀后得到等比例混合水样。

有些工业企业由于生产的周期性，废水的组分和浓度以及排放量都会随时间发生变化，这时就应采集等比例混合水样。即在一段时间内，间隔一定的时间采样，然后按相应的流量比例混合均匀后组成的混合水样；或在一段时间内，根据流量情况，适时增减采样量和采样频次，采集的水样立即混合后即得到等比例混合水样。

多支流河流、多个废水排放口的工业企业等经常需要采集等比例混合水样。因为，等比例混合水样可以保证监测结果具会代表性，并使工作量不会增加过多，从而节省人力和财力。

（5）流量比例混合水样。在有自动连续采样器的条件下，在一段时间内按流量比例连续采集而混合均匀的水样。流量比例混合水样一般采用与流量计相连的自动采样器采样。比例混合水样分为连续比例混合水样和间隔比例混合水样两种。连续比例混合水样是在选定采样时段内，根据废水排放流量，按一定比例连续采集的混合水样。间隔比例混合水样是根据一定的排放量间隔，分别采集均排放量有一定比例关系的水样混合而成。

（6）单独水样。有些天然水体和废水中，某些成分的分布很不均匀，如油类或悬浮固体；某些成分在放置过程中很容易发生变化，如溶解氧或硫化物；某些成分的现场固定方式相互影响，如氰化物或COD等综合指标。如果从采样大瓶中取出部分水样来进行这些项目的分析，其结果往往已失去了代表性。这时必须采集单独水样，分别进行现场固定和后续分析。

4.1.2 水样的采集前的准备

地表水、地下水、废水和污水采样前，首先要根据监测内容和监测项目的具体要求选择适合的采样器和盛水器，要求采样器具的材质化学性质稳定、容易清洗、瓶口易密封，确定采样总量（分析用量和备份用星）。

1. 采样器

采样器一般是比较简单的，只要将容器（如水桶、瓶子等）沉入要取样的河水或废水中，取出后将水样倒进合适的盛水器（贮样容器）中即可。

欲从一定深度的水中采样时，需要用专门的采样器。图4.1所示是简单采样器。这种采样器是将一定体积的采集瓶套入金属框内，附于框底的铅、铁或石块等重物用来增加自重。瓶塞与一根带有标尺的细绳相连。当采样器沉入水中预定的深度时，将细绳提起，瓶塞开启，水即注入瓶中。一般不会将水装满瓶，以防温度升高而将瓶塞挤出。

对于水流湍急的河段，宜用图4.2所示的急流采样器。采样前塞塞紧橡胶塞，然后垂直沉入要求的水深处，打开上部橡胶夹，水即沿长玻璃管通至采样瓶中，瓶内空气由短玻璃管沿橡胶管排出。采集的水样因与空气隔绝，可用于水中溶解性气体的测定。

如果需要测定水中的溶解氧，则应采用如图4.3所示的双瓶采样器采集水样。当双瓶采样器沉入水中后，打开上部橡胶塞，水样进入小瓶（采样瓶）并将瓶内空气驱入大瓶，随从连接大瓶短玻璃管的橡胶管排出，直到大瓶中充满水样，提出水面后迅速密封大瓶。

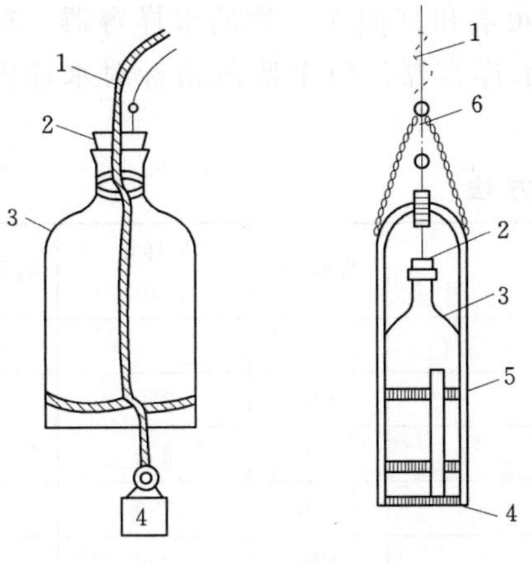

图 4.1　简单采样器

1—绳子；2—带有软绳子的木塞；
3—采样瓶；4—铅锤；5—铁框；
6—挂钩

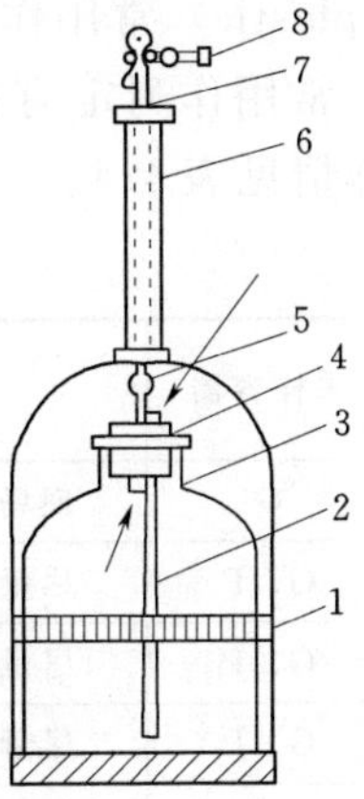

图 4.2　急流采样器

1—带重锤的软框；2—长玻璃管；3—采样瓶；
4—橡皮塞；5—玻璃短管；6—钢管；
7—橡皮管；8—夹子

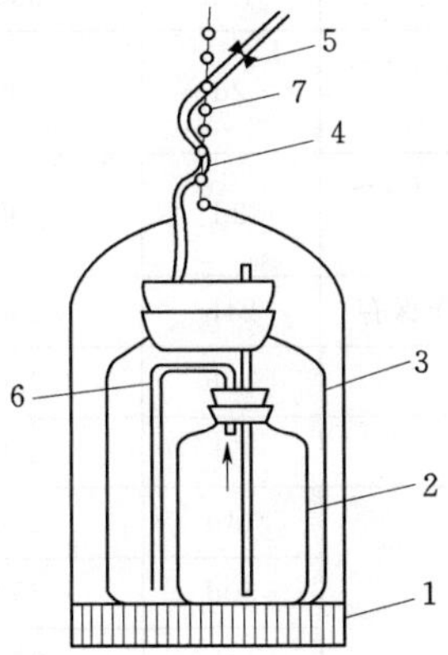

图 4.3　溶解氧采样器

1—带重锤的铁框；2—小瓶；3—大瓶；4 —橡胶管；
5—夹子；6—塑料管；7—绳子

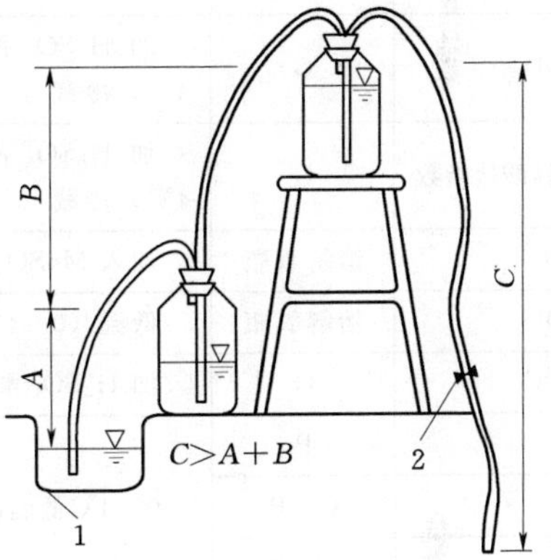

图 4.4　虹吸连续采样器

1—废水道；2—螺旋夹

采集水样量大时，可用采样泵来抽取水样。一般要求在泵的吸水口包几层尼龙纱网以防止泥砂、碎片等杂物进入瓶中。测定痕量金属时，则宜选用塑料泵。也可用虹吸管来采集水样，图 4.4 是一种利用虹吸原理制成的连续采样装置。

上述介绍的多是定点瞬时手工采样器。为了提高采样的代表性、可靠性和采样效率，目前国内外已开始采用自动采样设备，如自动水质采样器和无电源自动水质采样器。分为手摇泵采水器、直立式采水器和电动采水泵等，可根据实际需要选择使用。自动采样设备对于制备等时混合水样或连续比例混合水样，研究水质的动态变化以及一些地势特殊地区的采样具有十分明显的优势。

2. 盛水器

盛水器（水样瓶）一般由聚四氟乙烯、聚乙烯、石英玻璃和硼硅玻璃等材质制成。研究结果表明，材质的稳定性顺序为：聚四氟乙烯＞聚乙烯＞石英玻璃＞硼硅玻璃。通常，塑料容器（P，plastic）常用作测定金属、放射性元素和其他无机物的水样容器，玻璃容器（G，glass）常用作测定有机物和生物类等的水样容器。每个监测指标对水样容器要求不尽相同，详情见表4.1。

表4.1　常用水样保存方法

监测项目	采样容器	保存方法	保存期	采样量（mL）	容器洗涤
温度	G	现场测定	—	—	Ⅰ
浊度	G、P	尽量现场测定	12h	250	Ⅰ
色度	G、P	尽量现场测定	12h	250	Ⅰ
pH值	G、P	尽量现场测定	12h	250	Ⅰ
电导率	G、P	尽量现场测定	12h	250	Ⅰ
悬浮物	G、P	0～4℃低温冷藏	14d	500	Ⅰ
硬度	G、P	0～4℃低温冷藏	7d	250	Ⅰ
碱度	G、P	低温（0～4℃）避光保存	12h	500	Ⅰ
酸度	G、P	低温（0～4℃）避光保存	12h	500	Ⅰ
COD	G	加H_2SO_4酸化至pH≤2，低温（0～4℃）冷藏	2d	500	Ⅰ
高锰酸盐指数	G	加H_2SO_4酸化至pH≤2，低温（0～4℃）冷藏	2d	500	Ⅰ
DO	溶解氧瓶	加入$MnSO_4$+KI，现场固定，避光保存	24h	250	Ⅰ
BOD_5	溶解氧瓶	低温（0～4℃）冷藏	12h	250	Ⅰ
TOC	G	加H_2SO_4酸化至pH≤2	7d	250	Ⅰ
F	P	0～4℃低温冷藏，避光保存	14d	250	Ⅰ
Cl^-	G、P		30d	250	Ⅰ
Br	G、P		14h	250	Ⅰ
I^-	G、P	加入NaOH调pH=12，0～4℃低温冷藏	14h	250	Ⅰ
余氯	G、P	加入NaOH固定	6h	250	Ⅰ
SO_4^{2-}	G、P	低温（0～4℃）冷藏，避光保存	30d	250	Ⅰ
PO_4^{3-}	G、P	加入NaOH或H_2SO_4，调pH=7，$CHCl_3$0.5%	7d	250	Ⅳ
总磷	G、P	HCl或H_2SO_4，调pH≤2	24h	250	Ⅳ
氨氮	G、P	加H_2SO_4酸化至pH≤2	24h	250	Ⅰ
NO_2^--N	G、P	低温（0～4℃）冷藏，避光保存	24h	250	Ⅰ
NO_3^--N	G、P	低温（0～4℃）避光保存	24h	250	Ⅰ
总氮	G、P	加浓NHO_3酸化至pH<2	7d	250	Ⅰ
硫化物	G、P	加NaOH调pH=9；加入5%抗坏血酸，饱和EDTA试剂，滴加饱和Zn（Ac）$_2$至胶体产生，常温蔽光	24h	250	Ⅰ
总氰化物	G、P	加NaOH调pH≥12	24h	250	Ⅰ

续表

监测项目	采样容器	保存方法	保存期	采样量（mL）	容器洗涤
Mg、Ca	G、P	加浓 HNO_3 酸化至 pH<2	14d	250	Ⅱ
B、K、Na	P				
Be、Mn、Fe、Pb、Ni、Ag、Cd	G、P	加浓 HNO_3 酸化至 pH<2	14d	250	Ⅲ
Cu、Zn	P	加浓 HNO_3 酸化至 pH<2	14d	250	Ⅲ
Cr（Ⅵ）	P	加 NaOH 调 pH=8～9	24d	250	Ⅲ
总 Cr	G、P	加浓 HNO_3 酸化至 pH<2	14d	250	Ⅲ
As	G、P	加浓 HNO_3 或浓 HCl 酸化至 pH<2	14d	250	Ⅰ
Se、Sb、	G、P	加 HCl 酸化至 pH<2	14d	250	Ⅲ
Hg	G、P	加 HCl 酸化至 pH<2	14d	250	Ⅲ
硅酸盐	P	酸化滤液至 pH<2，低温（0～4℃）保存	24h	250	Ⅲ
总硅	P	酸化滤液至 pH<2，低温（0～4℃）保存	数月	250	Ⅲ
油类	G	加浓 HCl 酸化至 pH<2	7d	500	Ⅱ
农药类	G	加入抗坏血酸 0.01～0.02g 除去残余氯低温（0～4℃）避光保存	24h	1000	Ⅰ
除草剂类					
邻苯二甲酸酯类					
挥发性有机物	G	用（1+10）HCl 调至 pH=2，加入 0.01～0.02 抗坏血酸除去残余氯，低温（0～4℃）避光保存	12h	1000	Ⅰ
甲醛	G	加入 0.2～0.5g/L 硫代硫酸钠除去残余氯，低温（0～4℃）避光保存	24h	250	Ⅰ
酚类	G	用 H_3PO_4 调至 pH=2，用 0.01～0.02g 抗坏血酸除去残余氯，低温（0～4℃）避光保存	24h	1000	Ⅰ
阴离子表面活性剂	G、P	加 H_2SO_4 酸化至 pH⩽2，低温（0～4℃）保存	48h	250	Ⅳ
非离子表面活性剂	G	加 4%甲醛使其含量达 1%，充满容器，冷藏保存	30d		
微生物	G	加入硫代硫酸钠至 0.2～0.5g/L 除去残余物，4℃保存	12h	250	Ⅰ
生物	G、P	不能现场测定时用甲醛固定	12h	250	Ⅰ

注 1. G 为硬质玻璃；P 为聚乙烯瓶（桶）。

2. 采样量为单项样品的最少采样量。

对于有些监测项目，如油类项目，盛水器往往作为采样容器。因此材质要视检测项目统一考虑。尽力避免下列问题的发生：

(1) 水样中的某些成分与容器材料发生反应。

(2) 容器材料可能引起对水样的某种污染。

(3) 某些被测物可能被吸附在容器内壁上。

保持容器的清洁也是十分重要的。使用前，必须对容器进行充分、仔细的清洗。一般说来测定有机物质时宜用硬质玻璃瓶，而被测物是痕量金属或是玻璃的主要成分，如钠、钾、硼、硅等时，就应该选用塑料盛水器。已有资料报道，玻璃中也可溶出铁、锰、锌和铅；聚乙烯中可溶出锂和铜。

从表 4.1 中可以看出：每个监测指标对水样容器的洗涤方法也有不同的要求。在我国新近颁布的《地表水和污水监测技术规范》中，不仅对具体的监测项目所需盛水容器的材质做出了明确的规定，而且对洗涤方法也进行了统一视范。洗涤方法分为Ⅰ、Ⅱ、Ⅲ和Ⅳ四类，分别适用于不同的监测项目。

Ⅰ类：洗涤剂洗一次，自来水三次，蒸馏水一次。

Ⅱ类：洗涤剂洗一次，自来水洗二次，(1+3)HNO_3 荡洗一次，自来水洗二次，蒸馏水洗一次。

Ⅲ类：洗涤剂洗一次，自来水洗二次，(1+3)HNO_3 荡洗一次，自来水洗三次，去离子水洗一次。

Ⅳ类：铬酸洗液洗一次，自来水洗三次，蒸馏水洗一次。必要时，再用蒸馏水、去离子水清洗。

经 160℃干热灭菌 2h 的微生物、生物采样容器和盛水器，必须在两周内使用，否则应重新灭菌；经 121℃高压蒸汽灭菌 15min 的采样容器，如不立即使用，应于 60℃将瓶内冷凝水烘干，两周内使用。细菌监测项目采样时不能用现场水样冲洗采样容器，不能采混合水样，应单独采样后 2h 内送实验室分析。

3. 采样量

采样量应满足分析的需要，并应该考虑重复测试所需的水样量和留作备份测试的水样用量。一般情况下，如供单项分析，可参考表 4.1 的建议采样量。如果被测物的浓度很低而需要预先浓缩时，采样量就应增加。

每个分析方法一般不会对相应监测项目的用水体积提出明确要求。但有些监测项目的采样或分样过程也有特殊要求，需要特别指出。

(1) 当水样应避免与空气接触时（如测定含溶解性气体或游离 CO_2 水样的 pH 值或电导率），采样器和盛水器都应完全充满，不留气泡空间。

(2) 当水样在分析前需要摇荡均匀时（如测定油类或不溶解物质），则不应充满盛水器，装瓶时应使容器留有 1/10 顶空，保证水样不外溢。

(3) 当被测物的浓度很低而且是以不连续的物质形态存在时（如不溶解物质、细菌、藻类等），应从统计学的角度考虑单位体积里可能的质点数目而确定最小采样量。假如，水中所含的某种质点为 10 个/L，但每 100mL 水样里所含的却不一定都是 1 个，有的可能含有 2 个、3 个；而有的一个也没有。采样量越大，所含质点数目的变率就越小。

（4）将采集的水样总体积分装于几个盛水器内时，应考虑到各盛水器水样之间的均匀性和稳定性。

水样采集后，应立即在盛水器（水样瓶）上贴上标签，填写好水样采样记录，包括水样采样地点、日期、时间、水样类型、水体外观、水位情况和气象条件等。

4.1.3　地表水的采样方法

地表水水样采样时，通常采集瞬时水样；有重要支流的河段，有时需要采集综合水样或平均比例混合水样。

地表水表层水的采集，可用适当的容器如水桶等采集。在湖泊、水库等处采集一定深度的水样，可用直立式或有机玻璃采样器，并借助船只、桥梁、索道或涉水等方式进行水样。

（1）船只采样。按照监测计划预定的采样时间、采样地点，将船只停在采样点下游方逆流采样，以避免船体搅动起沉积物而污染水样。

（2）桥梁采样。确定采样断面时应考虑尽量利用现有的桥梁采样。在桥上采样安全，且不受天气和洪水等气候条件的影响，适于频繁采样，并能在空间上准确控制采样点。

（3）索道采样。适用于地形复杂、险要、地处偏僻的小河流的水样采样。

（4）涉水采样。适用于较浅的小河流和靠近岸边水浅的采样点。采样是下游向上游方向采集水样，以避免涉水时搅动起水下沉积物而污染水样。

采样时，应注意避开水面上的漂浮物混入采样器；正式采样前要用水样冲洗采样器2～3次，洗涤废水不能直接回倒入水体中，以避免搅起水中悬浮物；对于具有一定深度的河流等水体采样时，使用深水采样器，慢慢放入水中采样，并严格控制好采样深度。测定油类指标的水样采样时，要避开水面上的浮油，在水面下5～10cm处采集水样。

4.1.4　地下水采样方法

地下水的水质比较稳定，一般采集瞬时水样即能有较好的代表性。

对于自喷的泉水，可在泉涌处直接采集水样；采集不自喷泉水时，先将积留在抽水管的水汲出，新水更替之后，再进行采样。

采集自来水水样时，应先将水龙头完全打开，放水数分钟，使积留在水管中的陈旧水排出，再采集水样。

从井水中采集水样时，必须在充分抽汲后进行，以保证水样能代表地下水水源。

专用的地下水水质监测井，井口比较窄（5～10cm），但井管深度视监测要求不等（1～20m），采集水样常利用抽水设备或虹吸管采样方式。通常应提前数日将监测井中积留的陈旧水排出，待新水重新补充入监测井管后再采集水样。

4.1.5　废水或污水的采样方法

工业废水和生活污水的采样种类和采样方法取决于生产工艺、排污规律和监测目的，采样涉及采样时间、地点和采样频数。由于工业废水是流量和浓度都随时间变化的非稳态流体，可根据能反映其变化并具有代表性的采样要求，采集合适的水样（瞬时水样、等时混合水样、等时综合水样、等比例混合水样和流量比例混合水样等）。

对于生产工艺连续、稳定的企业，所排放废水中的污染物浓度及排放流量变化不大，仅采集瞬时水样就具有较好的代表性；对于排放废水中污染物浓度及排放流量随时间变化无规律的情况，可采集等时混合水样、等比例混合水样或流量比例混合水样，以保证采集的水样的代表性。

废水和污水的采样方法有三种。

(1) 浅水采样。当废水以水渠形式排放到公共水域时，应设适当的堰，可用容器或用长柄采水勺从堰溢流中直接采样。在排污管道或渠道中采样时，应在液体流动的部位采集水样。

(2) 深层水采样。适用于废水或污水处理池中的水样采集，可使用专用的深层采样器采集。

(3) 自动采样。利用自动采样器或连续自动定时采样器采集。可在一个生产周期内，按时间程序将一定量的水样分别采集到不同的容器中自动混合。采样时采样器可定时连续地将一定量的水样或按流量比采集的水样汇集于一个容器中。

自动采样对于制备混合水样（尤其是连续比例混合水样）及在一些难以抵达的地区采样等都是十分有用和有效的。

4.1.6 底质样品的采样方法

底质（沉积物）采样器如图 4.5 和图 4.6 所示。一般通用的是掘式采泥器，可按产品说明书提示的方法使用。掘式和抓式采泥器适用于采集量较大的沉积物样品；锥式或钻式采泥器适用于采集较少的沉积物样品；管式采泥器适用于采集柱状样品。如水深小于 3m，可将竹竿粗的一端削成尖头斜面，插入河床底部采样。

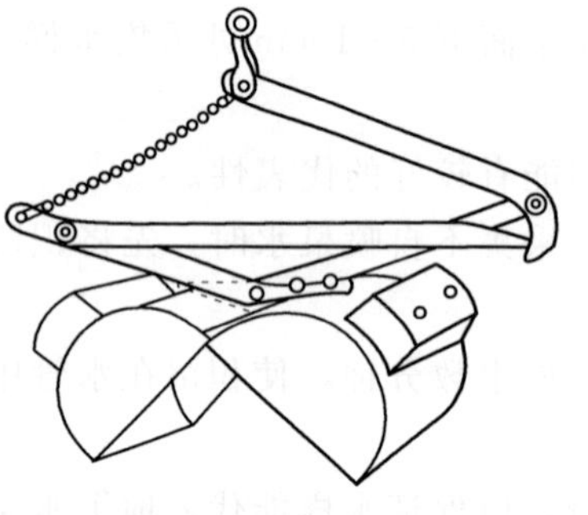

图 4.5 Petersen 氏掘式采泥器

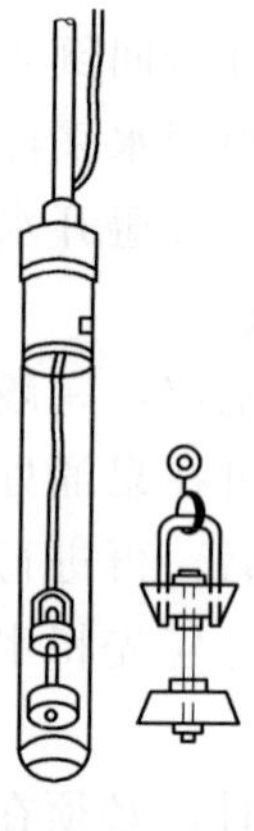

图 4.6 手动活塞钻式沉积物采样器

底质采样器一般要求用强度高、耐磨性能较好的钢材制成，使用前应除去油脂并清洗干净。具体要求如下。

(1) 采样器使用前必须先用洗涤剂除去防锈油脂，采样时将采样器放在水面上冲刷 3～5min，然后采样，采样完毕必须洗净采样器，晾干待用。

(2) 采样时遇到水流速度较大，可将采样器用铅坠加重后采样。

(3) 用白色塑料盘（桶）和小勺接样。

(4) 沉积物接入盘中后，挑去卵石、树枝、贝壳等杂物，搅拌均匀后装入瓶或袋中。

对于采集的柱状沉积物样品，为了分析各层柱状样品的化学组成和化学形态，要制备分层样品。首先用木片或塑料铲刮去柱样的表层，然后确定分层间隔，分层切割制样。

4.1.7 水样的运输和保存

由于从采集地到分析实验室有一定距离，各种水质的水样在运送的时间里都会由于物理、化学和生物的作用会发生各种变化。为了使这些变化降低到最低程度，需要采取必要的保护性措施（如添加保护性试剂或制冷剂等措施），并尽可能的缩短运输时间（如采用专门的汽车、卡车甚至直升机运送）。

1. 水样的运输

水样运送过程中，特别需要注意以下四点。

(1) 盛水器应当妥善包装，以免它们的外部受到污染，运送过程中不应破损或丢失。特别是水样瓶的颈部和瓶塞在运送过程中不应破损或丢失。

(2) 为避免水样容器在运输过程中因震动、碰撞而破损，最好将样品瓶装箱，并采用泡沫塑料减震。

(3) 需要冷藏、冷冻的样品，需配备专用的冷藏、冷冻箱或车运送；条件不具备时采用隔热容器，并加入足量的制冷剂达到冷藏、冷冻的要求。

(4) 冬季水样可能结冰。如果盛水器用的是玻璃瓶，则采取保温措施以免破裂，水样的运输时间，一般以 24h 为最大允许时间。

2. 水样的保存

水样采集后，应尽快进行分析测定。能在现场做的监测项目要求在现场测定，如水中的溶解氧、温度、电导率、pH 值等。但由于各种条件所限（如仪器、场地等），往往只有少数测定项目可在现场测定，大多数项目仍需送往实验室内进行测定。有时因人力、时间不足，还需在实验室内存放一段时期后才能分析。因此，从采样到分析的这段时间里，水样的保存技术就显得至关重要。

有些监测项目在采样现场采取一些简单的保护性措施后，能够保存一段时间。水样允许保存的时间与水样的性质、分析指标、溶液的酸度、保存的容器和存放温度等多种因素有关。不同的水样允许的存放时间也有所不同。一般认为，水样的最大存放时间为：

清洁水样	72h
轻污染水样	48h
重污染水样	12h

采取适当的保护措施，虽然能够降低待测成分的变化程度或减缓变化的速度，但并不能完全抑制这种变化。水样保存的基本要求只能是应尽量减少其中各种待测组分的变化，所以要求做到：

(1) 减缓水样的生物化学作用。

(2) 减缓化合物或络合物的氧化—还原作用。

(3) 减少被测组分的挥发损失。

(4) 避免沉淀、吸附或结晶物析出所引起的组分变化。

水样主要的保护性措施加下：

(1) 选择合适的保存容器。不同材质的容器对水样的影响不同，一般可能存在吸附待测组分或自身杂质溶出污染水样的情况，因此应该选择性质稳定、杂质含量低的容器。一般常规监测中，常使用聚乙烯和硼硅玻璃材质的容器。

(2) 冷藏或冷冻。水样保存能抑制微生物的活动，减缓物理作用和化学反应速度。如将水样保存在$-18\sim-22$℃的冷冻条件下，会显著提高水样中磷、氮、硅化合物以及生化需氧量等监测项目的稳定性。而且，这类保存方法对后续分析测定无影响。

(3) 加入保存药剂。在水样中加入合适的保存试剂，能够抑制微生物活动，减缓氧化还原反应发生。加入的方法可以是在采样后立即加入；也可以水样分样时，根据需要分瓶分别加入。

不同的水样、同一水样的不同的监测项目要求使用的保存药剂不同，保存药剂主要有生物抑制剂、pH值调节剂、氧化或还原剂等类型，具体的作用如下。

1）生物抑制剂。在水样中加入适量的生物抑制剂可以阻止生物作用。常用的试剂有氯化汞（$HgCl_2$），加入量为每升水样20～60mL；对于需要测汞的水样，可加入苯或三氯甲烷，每升水样加0.1～1.0mL；对于测定苯酚的水样，用H_3PO_4调水样的pH值为4时，加入$CuSO_4$，可抑制苯酚菌的分解活动。

2）调节pH值。加入酸或碱调节水样的pH值，可以使一些处于不稳定态的待测成分转变成稳定态。例如，对于水样中的金属离子，需加酸调节水样的$pH<2$，达到防止金属离子水解沉淀或被容器壁吸附的目的。测定氰化物或挥发酚的水样，需要加入NaOH调节其$pH>12$，使两者分别生成稳定的钠盐或酚盐。

3）氧化或还原剂。在水样中加入氧化剂或还原剂可以阻止或减缓某些组分氧化、还原反应的发生。例如，在水样中加入抗坏血酸，可以防止硫化物被氧化；测定溶解氧的水样则需要加入少量硫酸锰和碘化钾—叠氮化钠试剂将溶解氧固定在水中。

对保存药剂的一般要求是：有效、方便、经济，而且加入的任何试剂都不应对后续的分析测试工作带来影响。对于地表水和地下水，加入的保存试剂应该使用高纯品或分析纯试剂，最好用优级纯试剂。当添加试剂的作用相互有干扰时，建议采用分瓶采样、分别加入的方法保存水样。

水和废水样品的保存方法相对比较成熟。表4.2列出了常用的保存剂的作用和应用范围。

表4.2　　常用的保存剂的作用和应用范围

保存剂	作　用	适用的监测项目
$HgCl_2$	细菌抑制剂	各种形式的氮或磷
HNO_3	金属溶剂，防止沉淀	多种金属
H_2SO_4	细菌抑制剂，与有机物形成盐类	有机水样（COD、TOC、油和油脂）
NaOH	与挥发性化合物形成盐类	氰化物、有机酸类、酚类等
冷藏或冷冻	细菌抑制剂，减缓化学反应速率	酸度、碱度、有机物、BOD、色度、生物机体等

(4) 过滤和离心分离。水样浑浊也会影响分析结果。用适当孔径的滤器可以有效地除去藻类和细菌，滤后的样品稳定性提高。一般而言，可用澄清、离心、过滤等措施分离水样中的悬浮物。

国际上，通常将孔径为0.45μm的滤膜作为分离可滤态与不可滤态的介质，将孔径为0.25μm的滤膜作为除去细菌处理的介质。采用澄清后取上清液或用滤膜、中速定量滤纸、砂芯漏斗或离心等方式处理水样时，其阻留悬浮性颗粒物的能力大体为：滤膜＞离心＞滤纸＞砂芯漏斗。

欲测定可滤态组分，应再采样后立即用 0.45μm 的滤膜过滤，暂时无 0.45μm 的滤膜时，泥沙性水样可用离心方法分离；含有有机物多的水样可用滤纸过滤；采用自然沉降取上清液测定可滤态物质是不妥当的。如果要测定全组分含量，则应再采样后立即加入保存药剂，分析测定时充分摇匀后再取样。

国家相关标准中有详细的推荐保存技术，如表 4.1 已列出了针对具体监测项目的水样保存的推荐方法。实际应用时，具体分析指标的保存条件应该和分析方法的要求一致，相关国家标准中有规定保存条件的应该严格执行国家标准。

学习情境 4.2　水 样 的 预 处 理

由于环境样品中污染物种类多，成分复杂，而且多数待测组分浓度低，存在形态各异，而且样品中存在大量干扰物质。更重要的是，随着环境科学技术的发展，对大多数有机污染物仍以综合指标（如 COD、BOD、TOC 等）进行定量描述已不能满足当今社会对环境监测工作的要求。很多有机物属持久性、生物可积累的有毒污染物，并且具有“三致”作用，可这些有机物在环境介质中浓度极小，对上述综合指标的贡献极小，或根本反映不出来。这说明在分析测定之前，需要进行程度不同的样品预处理，以得到待测组分适合于分析方法要求的形态和浓度，并与干扰性物质最大限度的分离。因此，环境样品的预处理技术是保证分析数据有效、准确，以及环境影响评价结论正确和可靠的重要基础。正是基于这一点，本节将对环境样品的预处理技术进行较全面的介绍。

4.2.1　样品的消解

在进行环境样品（水样、土壤样品、固体废弃物和大气采样时截留下来的颗粒物等）中的无机元素的测定时，需要对环境样品进行消解处理。消解处理的作用是破坏有机物、溶解颗粒物，并将各种价态的待测元素氧化成单一高价态或转换成易于分解的无机化合物。常用的消解方法有湿式消解法和干灰化法。

常用的消解氧化剂有单元酸体系、多元酸体系和碱分解体系。最常使用的单元酸为硝酸。采用多元酸的目的是提高消解温度、加快氧化速度和改善消解效果。在进行水样消解时，应根据水样的类型及采用的测定方法进行消解酸体系的选择。各消解法体系的适用范围分别叙述如下。

（1）硝酸消解法。对于较清澈的水样或经适当润湿的土壤等样品，可用硝酸消解。其方法要点是：取混匀的水样 50～200mL 于锥形瓶中，加入 5～10mL 浓硝酸，在电热板上加热煮沸，缓慢蒸发至小体积，试池应清澈透明，呈浅色或无色；否则，应补加少许硝酸继续消解。消解至近干时，取下锥形瓶，稍冷却后加 2%HNO_3（或 HCl）20mL，温热溶解可溶盐。若有沉淀，应过滤，滤液冷至室温后于 50mL 容量瓶中定容，待分析测定。

（2）硝酸—硫酸消解法。硝酸—硫密混合酸体系是最常用的消解组合，应用广泛。两种酸都具有很强的氧化能力，其中硫酸沸点高（338℃），两者联合使用，可大大提高消解温度和消解效果。图 4.7 为 10mL 浓硝酸＋10mL 浓硫酸加入水样后，在电热板温度控制在 220℃时，硝酸—硫酸—水二元混合溶液的温度变化情况，从溶液温度也可估计消解反应的进程。

常用的硝酸与硫酸的比例为 5：2。一般消解时，先将硝酸加入待消解样品中，加热

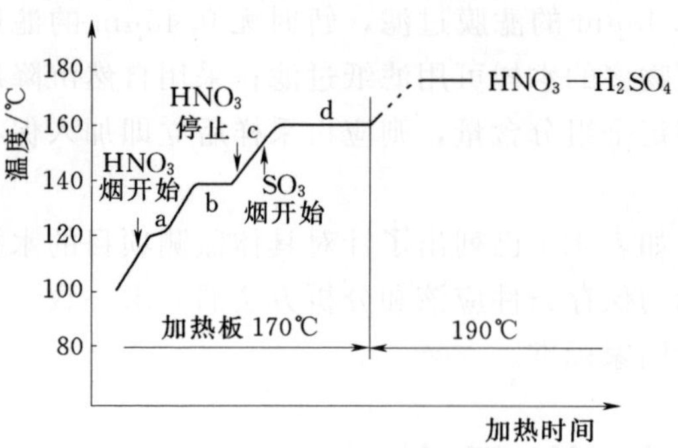

图 4.7　$HNO_3-H_2SO_4$ 加热时的温度变化

蒸发至小体积，稍冷后再加入硫酸、硝酸，继续加热蒸发至冒大量白烟，稍冷却后加 2% HNO_3 温热溶解可溶盐。若有沉淀，应过滤，滤液冷至室温后定容，待分析测定。

欲测定水样中的铅、钡或锆等元素时，该体系不宜采用，因为这些元素易与硫酸反应生成难溶硫酸盐，可改选用硝酸—盐酸混合酸体系。

（3）硝酸—高氯酸消解法。两种酸都是强氧化性酸，联合使用可消解含难氧化有机物的环境样品，如高浓度有机废水、植物样品和污泥样品等。方法要点是：取适量水样或经适当润湿处理好的土壤等样品于锥形瓶中，加 5～10mL 硝酸，在电热板上加热、消解至大部分有机物被分解。取下锥形瓶，稍冷却，再加 2～5mL 高氯酸，继续加热至开始冒白烟，如试液呈现深色，再补加硝酸，继续加热至冒浓厚白烟将尽，取下锥形瓶，稍冷却后加 2% HNO_3 溶解可溶盐。若有沉淀，应过滤，滤液冷至室温后定容，待分析测定。

因为高氯酸能与含羟基有机物反应激烈，有发生爆炸的危险，故应先加入硝酸氧化水样中的羟基有机物，稍冷后再加高氯酸处理。

（4）硝酸—氢氯酸消解法。氢氟酸能与液态或固态样品中的硅酸盐和硅胶态物质发生反应，形成四氯化硅而挥发分离，因此，该混合酸体系应用范围比较专一，选择性比较高。但是要指出的是：氢氟酸能与玻璃材质发生反应，消解时应使用聚四氯乙烯材质的烧杯等容器。

（5）多元消解法。为提高消解效果，在某些情况下（如处理总铬废水时），需要使用三元以上混合酸消解体系。通过多种酸的配合使用，克服单元酸或二元酸消解所起不到的作用，尤其在众多元素均要求测定的复杂介质体系。侧如，在地下水或土壤背景值调查时，常常需要进行全元素分析，这时采用 $HNO_3-HClO_4-HF-HNO_3$ 体系，消解效果比较理想。

（6）碱分解法。适用于按上述酸消解法会造成某些元素的挥发或损失的环境样品。其方法要点是：在各类环境样品中，加入氢氧化钠和过氧化氢溶液，或者氨水和过氧化氢溶液，加热至缓慢沸腾消解至近干时，稍冷却后加入水或稀碱溶液，温热溶解可溶盐，若有沉淀，应过滤，滤液冷至室温后于 50mL 容量瓶中定容，待分析测定。

（7）干灰化法。干灰化法又称干式消解法或高温分解法。多用于固态样品如沉积物、底泥等底质以及土壤样品的消解。

操作过程是：取适量水样于白瓷或石英蒸发皿中，于水浴上先蒸干，因样品可直接放入坩锅中，然后将蒸发皿或坩埚移入马弗炉内，于 450～550℃灼烧到残渣呈灰白色，使有机物完全分解去除。取出蒸发皿，稍冷却后，用适量 2% HNO_3（或 HCl）溶解样品灰分，过滤后滤液经定容后，待分析测定。

（8）微波消解法。微波消解法采用微波加热的工作原理，因待测样品和消解酸的混合物为发热体，从样品内部对样品进行激烈搅拌、充分混合和加热，加快了样品的分解速度，缩短了消解时间，提高了消解效率。在微波消解过程中，样品处于密闭容器中，也避免了待测元素的损失和可能造成的污染。

商品化的微波消解装置已经问世，使得该项先进技术的普及化成为可能。但由于环境样品基体的复杂性不同，及其与传统消解手段的差异，在确定微波消解方案时，应对所选消解试剂、消解功率和消解时间进行条件优化。

4.2.2 样品的分离与富集

在水质分析中，由于水样中的成分复杂，干扰因素多，而待测物的含量大多处于痕量水平，常低于分析方法的检出下限，因此在测定前必须进行水样中待测组分的分离与富集，以排除分析过程中的干扰，提高待测物浓度，满足分析方法检出限的要求。为了选择与评价分离、富集技术，要先明确下面两个概念。

(1) 回收因数 (R_T)。指样品中目标组分在分离、富集过程中回收的完全程度，即：

$$R_T=\frac{Q_T}{Q_T^{\nu}}$$

式中：Q_T^{ν} 和 Q_T 分别为分离、富集前和分离、富集后目标组分的量，必要时也可以用回收百分率表示。

由于实验操作过程中目标组分会有一定的损失，痕量回收一般小于100%，而且会随组分浓度的不同而有差异，一般情况下，浓度越低则损失对分析结果的影响越大。在大多数无机痕量分析中要求回收率至少大于90%，但如果有足够的重现性，回收率再低一些也可以认可。

(2) 富集倍数或与浓缩系数 (F)。定义为欲分离或富集组分的回收率与基体的回收率之比，即：

$$F=\frac{Q_1/Q_M}{Q_T^{\nu}/Q_M^0}=\frac{R_T}{R_M}$$

式中：Q_T^{ν} 和 Q_M 分别为富集前、后基体的量；R_M 为基体的回收率。

富集倍数的大小依赖于样品中待测痕量组分的浓度和所采用的测试技术。若采用高效、高选择性的富集技术，高于 10^5 的富集倍数是可以实现的。随着现代仪器技术的发展，仪器检测下限的不断降低，富集倍数提高的压力相对减轻，因此富集倍数为 10^2～10^3 就能满足痕量分析的要求。

当欲分离组分在分离富集过程中没有明显损失时，适当地采用多级分离方法可有效地提高富集倍数。

传统的样品分离与富集方法有过滤、挥发、蒸馏、溶剂萃取、离子交换、吸附、共沉淀、层析和低温浓缩等。比较先进的方法有固相萃取、微波萃取和超临界流体萃取等技术，应根据具体情况选择使用。下面将分别做简要介绍。

1. 挥发和蒸发浓缩法

挥发法是将易挥发组分从液态或固态样品中转移到气相的过程，包括蒸发、蒸馏、升华等多种方式。一般而言，在一定温度和压力下，当待测组分或基体中某一组分的挥发性和蒸汽压足够大，而另一种小到可以忽略时，就可以进行选择性挥发，达到定量分离的目的。

物质的挥发性与其分子结构有关，即与分子中原子间的化学键有关。挥发效果则依赖于样品量大小、挥发温度、挥发时间以及痕量组分与基体的相对量。样品量的大小将直接影响挥发时间和完全程度。汞是惟一在常温下具有显著蒸气压的金属元素，冷原子荧光测汞仪就是利用汞的这一特性进行液体样品中汞含量的测定的。

利用外加热源使样品的待测组分或基体加速挥发的过程称之为蒸发浓缩。如加热水样，使水分慢慢蒸发，可以达到大幅度浓缩水样中重金属元素的目的。为了提高浓缩效率、缩短蒸发时间，常常可以借助惰性气体的参与实现欲挥发组分的快速分离。

2. 蒸馏浓缩法

蒸馏是基于气—液平衡原理实现组分分离的，其方法就是利用各组分的沸点及其蒸汽压太小的不同实现分离目的的。在水溶液中，不同组分的沸点不尽相同。当加热时，较易挥发的组分富集在蒸汽相，对蒸汽相进行冷凝或吸收时，挥发性组分在馏出液或吸收液中得到富集。

蒸馏主要有常压蒸馏和减压蒸馏两类。

常压蒸馏适合于沸点在 40～150℃之间的化合物的分离。常用的蒸馏装置见图 4.8。测定水样中的挥发酚、氰化物和氨氰等监测项目时，均采用的是常压蒸馏方法。

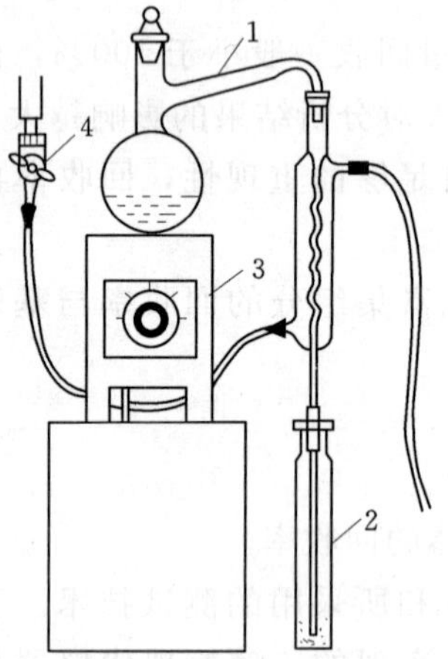

图 4.8　常压蒸馏装置

1—500mL 全玻璃蒸馏器；2—收集瓶；3—加热电炉；4—冷凝水调节阀

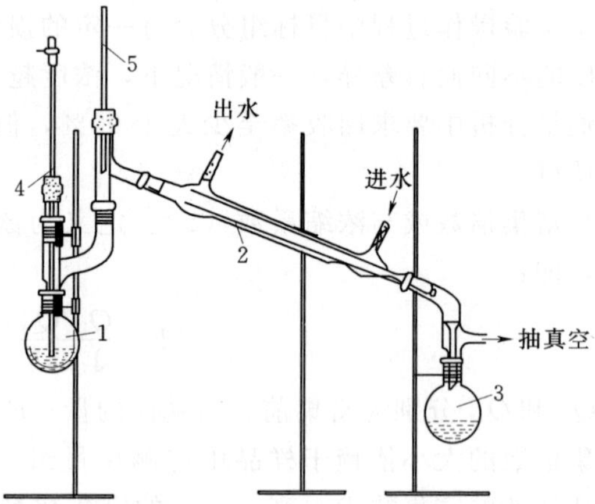

图 4.9　硅压蒸馏装置

1—蒸馏瓶；2—冷凝管；3—收集瓶；4—克莱森蒸馏头；5—温度计

减压蒸馏组适合于沸点高于 150℃（常压下），或沸点虽低于此温度但在蒸馏过程中极易分解的化合物的分离。减压蒸馏装置除减压系统外，与常压蒸馏装置基本相同，但所用的减压蒸馏瓶和接收瓶要求必须耐压。整个系统的接口必须严密不漏。克莱森（claisen）蒸馏头常用于防爆沸和消泡沫，它通过一根开口毛细管调节气流向蒸馏液内不断充气以击碎泡沫并抑制爆沸。图 4.9 是减压蒸馏装置的示意图。减压蒸馏方法在分析水中痕量农药、植物生长调节剂等有机物时的分离富集过程中应用十分广泛，也是液—液萃取溶液高倍浓缩的有效手段。

3. 液—液萃取法

液—液萃取也叫溶剂萃取，是基于物质在不同的溶剂相中分配系数不同，而达到组分的富集与分离。物质在水相—有机相中的分配系数（K）可用分配定律表示。

$$[M]_{水} \rightleftharpoons [M]_{有}$$

$$K_D = \frac{[M]_{有}}{[M]_{水}}$$

由于待分离的组分往往在两相中（或者在某一相中）存在副反应，例如在水相中可能发生离解、络合作用等，在有机相中可能发生聚合作用等，导致组分在两相中的存在形式有所不同。因此，采用一个新的参数——“分配比”来描述溶质在两相中的分配。分配比的定义为：溶质在有机相中的各种存在形态的总浓度 $c_{有}$ 与水相中各种形态的总浓度 $c_{水}$ 之比，用 D 表示。

$$D = \frac{c_{有}}{c_{水}}$$

D 值越大，表示被萃取物质转入有机相的数量越多（当两相体积相等时），萃取就越完全。在萃取分离中，一般要求分配比在 10 以上。分配比反映萃取体系达到平衡时的实际分配情况，具有较大的实用价值。

被萃取物质在两相中的分配也可以用萃取百分率 $E(\%)$ 表示，即：

$$E = \frac{被萃取物质在有机相中的总量}{被萃取物质总量} \times 100\%$$

E 与分配比的关系为

$$E = \frac{c_{有} V_{有}}{c_{有} V_{有} + c_{水} V_{水}} \times 100\%$$

$$= \frac{D}{D + \frac{V_{水}}{V_{有}}} \times 100\%$$

当用等体积萃取时，$V_{水} = V_{有}$

$$E = \frac{D}{1+D} \times 100\%$$

若要求 E 大于 90%，则 D 必须大于 9。增加萃取的次数，可提高萃取效率，增大萃取操作的工作量，在很多情况下是不现实的。

当用萃取法分离两种物质时，用分离系数来表示它们的分离效果。其定义为在有机相和水相中的分配比之比，用 β 来表示。

如果在同一体系中有两种溶质 A 和 B，它们的分配比分别为 D_A 和 D_B，分离系数即可用下式表达：

$$\beta = \frac{D_A}{D_B} = \frac{\frac{[A]_{有}}{[A]_{水}}}{\frac{[B]_{有}}{[B]_{水}}} = \frac{\frac{[A]_{有}}{[B]_{有}}}{\frac{[A]_{水}}{[B]_{水}}}$$

β 越大，表示分离得越完全，即萃取的选择性越高。在痕量组分的分离富集中，希望 β 越大越好，同时，D_A 不要太小，因为若 D_A 太小，意味着需要大量的有机溶剂才能把显著量的该物质萃取到有机相中。

（1）无机物萃取。这类萃取体系是利用金属离子与螯合剂形成疏水性的螯合物后被萃取到有机相，广泛用于金属阳离子的萃取。金属阳离子在水溶液中与水分子配位以水合离子形式存在，如 CaH_2O_4、$Co(H_2O)_4^{2-}$、$Al(H_2O)_4^{3+}$ 矿等，螯合剂可中和其电荷，并用疏水基团取代与金属阳离子配位的水分子。

（2）离子缔合物萃取。阳离子和阴离子通过较强的静电引力相结合形成的化合物叫离子缔合物。在这类萃取体系中，被萃取物质是一种疏水性的离子缔合物，可用有机溶剂萃取。许多金属阳离子如 Cu（H_2O）$^{2+}$、金属的络阴离子如 $FeCl_4^-$、$GaCl_4^-$ 以及某些酸根离子如 ClO_4^- 都能形成可被萃取的离子缔合物。离子的体积越大，电荷越高，越容易形成疏水性的离子缔合物。

（3）有机物的萃取。分散在水相中的有机物易被有机溶剂萃取，利用此原理可以富集分散在水样中的有机污染物。常用的溶剂有三氯甲烷、四氯甲烷和正己烷等。

为了提高萃取效率，常加入适量盐析剂，其作用的原理如下。

a. 使被萃取物中某种阴离子的浓度增加，产生同离子效应，有利于萃取平衡向发生萃取作用的方向进行。

b. 盐析剂为电解质，且加入的浓度较大，因而使水分子活性减小，降低了被萃取物质与水结合的能力，增加了其进入有机相的趋势，从而提高了萃取效率。

c. 高浓度的电解质使水的介电常数降低，有利于离子缔合物的形成。一般来说离子的价态越高，半径越大，其盐析作用越强。

液—液萃取有间歇萃取和连续萃取两种方式。

间歇萃取在圆形或梨形分液漏斗中进行，萃取次数视预期效果而定。因为，每次用部分萃取剂进行多次萃取的效果较之使用全量萃取剂的一次萃取的效果更好。但萃取次数过多，不仅增加了工作量，而且必然加大操作误差。

在萃取过程中循环使用一定量的萃取剂保持其体积基本不变的萃取方法，为连续萃取法。这种方法不仅可用于液态样品的萃取，在固态样品的萃取中也得到了广泛应用。常用的连续萃取装置如图 4.10 所示。

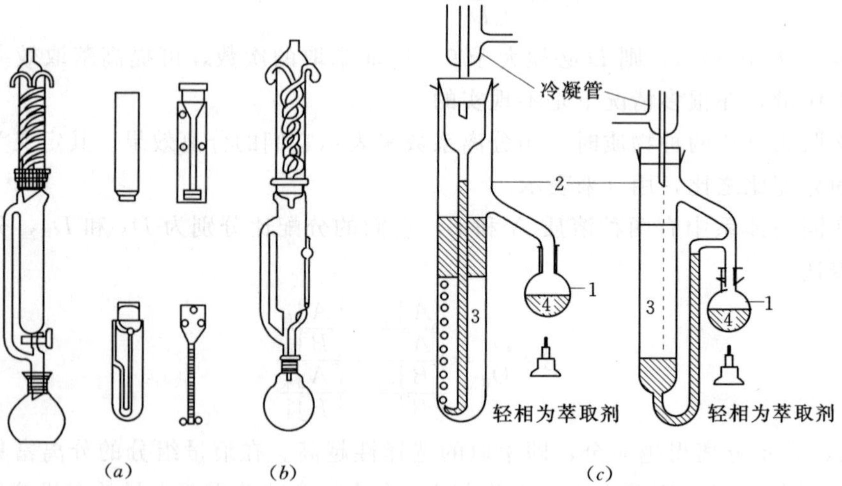

图 4.10 连续萃取装置

（*a*）样式萃取器和各种插管；（*b*）索式萃取器；（*c*）液—液连续萃取器

1—烧瓶；2—储液器；3—萃余液；4—萃取剂

4. 沉淀分离法

沉淀分离法是根据溶度积原理、利用沉淀反应进行分离的方法。在待分离试液中，加入适当的沉淀剂，在一定条件下，使欲测组分沉淀出来，或者待干扰组分析出沉淀，以达到除去干扰的目的。沉淀分离法包括沉淀、共沉淀两种方法。

（1）沉淀法。在常量组分的分离中，可采用两种方式。

1）将待测组分与试样中的其他组分分离，再将沉淀过滤、洗涤、烘干，最后称重，计算其含量，即重量分析法。

2）将干扰组分以微溶化合物的形式沉淀出来与待测组分分离。

但对于痕量组分，采用前一种方式是不可能的。首先，要达到沉淀的溶度积，需加入大量的沉淀剂，可能引起副反应（如盐效应等），反而使沉淀的溶解度增大，其次含量太小，以致无法处理（过滤、称重等）。因此，在痕量分析中沉淀法仅可用于常量—痕量组分的分离，即除去对测定痕量组分有干扰的样品主要成分。

沉淀条件选择的原则是：使相当量的主要干扰组分沉淀完全，而后继测定的痕量组分不会因为共沉淀而损失，或共沉淀的损失可忽略不计。

应用实例：在6mol/L的硫酸中沉淀硫酸铅，使主要成分铅与痕量的组分Ag、Ae、Cd、Cr、Cu等分离。Karabash借助于放射性示踪原子证明了这些痕量元素几乎定量地（85%～100%）保留在溶液中，这足以满足痕量分析的要求。

（2）共沉淀法。共沉淀系指溶液中一种难溶化合物在形成沉淀过程中，将共存的某些痕量组分一起载带沉淀出来的现象。共沉淀现象是一种分离、富集微量组分的手段。例如，测定水中含量为1μg/L的Pb时，由于浓度低，直接测定有困难。当将1000mL水样调至微酸性，加入Hg^{2+}，通入H_2S气体，使Hg^{2+}与S^{2+}生成HgS沉淀，同时将Pb共沉淀下来，然后用2mL酸将沉淀物溶解后测定。此时，Pb的浓度提高了500倍，测定就容易实现了。其中HgS称为载体，也叫捕集剂。

共沉淀的原理基于表面吸附、形成混晶、异电核胶态物质相互作用等。

1）利用吸附作用的共沉淀分离。该方法常用的无机载体有$Fe(OH)_3$、$Al(OH)_3$、$Ga(OH)_3$、$MnO(OH)_2$、$Mn(OH)_2$及H_2S等。由于它们是表面积大、吸附力强的非晶形胶体沉淀，因此吸附和富集效率高。例如，用分光光度法测定水样中的Cr^{6+}时，当水样有色度、浑浊、Fe^{3+}浓度低于200mg/L时，可在pH值为8～9条件下，用Zn（OH）$_2$做共沉淀剂吸附分离干扰物质。

2）利用生成混晶的共沉淀分离。当待分离微量组分及沉淀剂组分生成沉淀时，如具有相似的晶格，就可能生成混晶而共同析出。例如，硫酸铅和硫酸锶的晶形相同，当分离水样中的痕量Pb^{2+}时，可加入适量Sr^{2+}和过量可溶性硫酸盐，则生成$PbSO_4-SrSO_4$的混晶，将Pb^{2+}共沉淀出来。

3）利用有机共沉淀剂进行共沉淀分离。有机共沉淀剂的选择性较无机沉淀剂高，得到的沉淀也比较纯净，通过灼烧可除去有机沉淀剂，留下待测元素。例如，痕量Ni^{2+}与丁二酮肟生成螯合物，分散在溶液中，若加入丁二肟二烷酯（难溶于水）的乙醇溶液，则析出固体的丁二酮肟二酯，便将丁二酮肟镍螯合物共沉淀出来。丁二肟二烷酯烷只起载体作用，称为惰性共沉淀剂。

5. 吸附分离法

吸附是利用多孔性的固体吸附剂将水中的一种或多种组分吸附于表面，以达到组分分离的目的。被吸附富集于吸附剂表面的组分可用有机溶剂或加热等方式解析出来，供分析测定。常用的吸附剂主要有活性炭、硅胶、氧化铝、分子筛和大孔树脂等。吸附剂以往多用于饮用水的净化处理工艺中。近20年来，正是由于选择性吸附剂的不断推出，吸附剂在水中痕量有机物的高效富集、样品制备等方面的应用日益广泛，逐渐形成了一门专门的萃取技术，即固相萃取技术（SPE）。

一般而言，应根据水中待测组分的性质选择适合的吸附剂。水溶性或极性化合物通常选用极性的吸附剂，而非极性的组分则选择非极性的吸附剂更为合适，对于可电离的酸性或碱性化合物则适于选择离子交换型吸附剂。例如欲富集水中的杀虫剂或药物，通常均选择键合硅胶 C_{18} 吸附剂，杀虫剂或药物被稳定地吸附于键合硅胶表面，当用小体积甲醇或乙氰等有机溶剂解吸后，目标物被高倍富集。

吸附剂的用量与目标物性质（极性、挥发性）及其在水样中的浓度直接相关。通常，增加吸附剂用量可以增加对目标物的吸附容量，可通过绘制吸附曲线来确定吸附剂的合适用量。

思　考　题

1. 简述地表水采样和保存的方法和要求。
2. 简述地表水和地下水水样采集方法的区别。
3. 简述水样消解与富集的方法。

学习项目5　水质评价与预测

学习目标：本项目分别从水质评价和水质预测两个方向，利用两个情境，根据不同的水体特点分7个任务介绍水质评价和预测的方法、步骤；希望能够达到以下学习目的：

1. 掌握水质评价的基本步骤。
2. 掌握地表水水质评价的内容，能够根据检测数据作出评价和预测。
3. 了解水质评价和预测模型的建立方法和步骤。

学习情境5.1　水质评价

通过本学习项目的学习，能了解水质评价的分类及一般程序；能够掌握地表水水质评价方法、水体质量综合评价方法、地下水水质评价方法。

5.1.1　水质评价概述

1. 水质评价概述

水质评价是水环境质量评价的简称，是根据水的不同用途，选定评价参数，按照一定的质量标准和评价方法，对水体质量定性或定量评定的过程。其目的在于准确地反映水质的情况，指出发展趋势，为水资源的规划、管理、开发、利用和污染防治提供依据。

水质评价是环境质量评价的重要组成部分，其内容很广泛，工作目的不同，研究的角度不同，分类的方法不同。

（1）按评价阶段分类。

1）回顾评价：根据水域历年积累的资料进行评价，以揭示该水域水质污染的发展变化过程。

2）现状评价：根据近期水质监测资料，对水体水质的现状进行评价。

3）预断评价：又称影响评价，根据地区的经济发展规划对水体的影响，预测水体未来的水质状况。

（2）按评价水体用途分类。

1）生活饮用水质量评价。

2）渔业用水质量评价。

3）工业用水质量评价。

4）观赏水体质量评价。

5）灌溉水体质量评价。

（3）按评价参数的数量分类。评价参数又称评价因子，按其数量可分为：

1）单因子评价：只有一个评价参数的水质评价。

2）多因子评价：有多个评价参数的水质评价。

（4）按评价水体类型分类。

1）地表水水质评价：以地表水体为评价对象，包括河流水质评价、湖泊（水库）水质评价、河口水质评价和海洋水质评价等。

2）地下水水质评价：以地下水为评价对象，包括浅层地下水水质评价和深层地下水水质评价等。

2. 水质评价的程序

水质评价工作是在水质监测的基础上进行的，其一般程序如下：

（1）搜集、整理、分析水质监测的数据和有关资料，包括：

1）水体环境背景值的调查。水体环境中相对清洁区监测的参数统计平均值就是该水体环境的背景值。所谓相对清洁区是指受人类活动影响较小的地区。进行一个区域或河段评价时，可将对照断面的监测值作为背景值。

2）污染源调查与评价。污染源是影响水质的重要因素，通过污染源调查与评价可以确定水体的主要污染物种类及数量，从而确定水质监测项目和水质评价因子。

3）水质监测。为水质评价提供必需的水质数据。

（2）确定水质评价参数。确定评价参数就是确定评价因子，应根据评价目的和影响水质的主要污染物来确定评价参数。若评价参数选择不当，则直接影响到水质评价的结论，不能达到水质评价的目的。

（3）选择评价方法，建立水质评价的数学模型。评价方法和水质模型都直接影响着评价结论的正确性，所以应正确选择。

（4）确定评价标准。水质标准是水质评价的准则和依据。对同一水体，采用不同的标准会得出不同的结论。应根据评价水体的用途和评价目的选择合适的水质标准。

（5）提出评价结论。根据计算结果进行水质等级划分，提出评价结论。

（6）绘制水质图。水质图可以更直观地反映水质状况。基本的水质图一般包括以下内容：①流域位置图；②水文地质状况图；③污染源分布图；④监测断面分布图；⑤污染物含量等值线图；⑥水体综合评价图等。

图5.1为水质评价程序示意图。本章主要介绍地表水和地下水现状评价的一些内容。

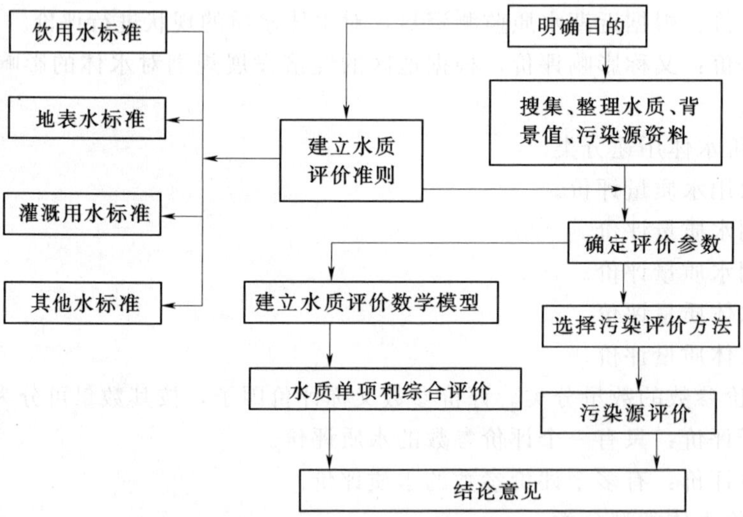

图5.1 水质评价程序示意图

5.1.2 地表水水质评价

按照一定的质量标准选择合适的评价参数和评价方法，对地表水水体的质量进行定性或定量的评定过程称地表水水质评价。评价对象可以是一条河流，或是一条河流的一个河段、几个河段，一个湖泊，一个水库等。它们的评价方法和程序基本相似，大同小异。本学习情境重点介绍通用的地表水水质评价方法。

1. 确定评价标准

水质标准是评价水质的准则和依据。一般应采用国家规定的最新标准或相应的地方标准；国家无标准的水质参数可采用国外标准或经主管部门批准的临时标准；评价区内不同功能的水域应采用不同类别的水质标准。如地表水水质标准、海湾水水质标准、生活饮用水水质标准、渔业用水标准、农业灌溉用水标准等。

确定合适的评价标准十分重要，而且应该注意选择统一的标准。因为采用不同的标准，对同一水体的评价会得出不同的结果，甚至对水质是否污染也会有不同的结论。

2. 确定评价参数

（1）参数选择。地表水体质量的好坏与其污染物有关，而其污染物种类很多、浓度不一，在评价时不可能全部考虑，但若考虑不当，则会影响到评价结论的正确性和可靠性。因此，常常将能正确反映水质的主要污染物作为水质评价因子即评价参数。评价参数的选择通常遵照以下原则：

1）所选择的评价参数应满足评价目的和评价要求。

2）所选择的评价参数应是污染源调查与评价所确定的主要污染源的主要污染物。

3）所选择的评价参数应是地表水体质量标准所规定的主要指标。

4）所选择的评价参数应考虑评价费用的限额与评价单位可能提供的监测和测试条件。

水体不同、评价目的不同，评价参数的选择有所不同，总之，要处理好需要和可能之间的关系。常见的评价参数有：

1）感官物理性状参数。如温度、色度、浑浊度、悬浮物等。

2）氧平衡参数。如 DO、COD、BOD_5 等。

3）营养盐参数。如氨氮、硝酸盐氮、磷酸盐氮等。

4）毒物参数。如酚、氰、汞、铬、镉、砷、农药等。

5）微生物学参数。如细菌总数、大肠菌群等。

（2）参数取值。评价参数的取值会直接影响评价结果，参数不同的取值反映的水质变化规律不同。目前，参数取值有以下几种情况。

1）取几个小时平均值和日平均值。用于评价水质逐日的变化。

2）取年平均值。用于评价水质逐年或长期的变化。

3）取月或季平均值（一般较少用）。用于评价水质逐月或逐季的变化。

4）一次随机取样值。偶然性很大，不能正确评价水质的变化，只能反映水质某一时刻的情况。

在水质评价时，根据不同的情况，正确取用参数值。

3. 选择评价方法

地表水水质可以直接用感官性状参数、氧平衡参数、毒物参数及生物学参数评价，也可以用数学模式（亦称水质指数）及分级评价法进行评价。以下主要对后两种评价方法做具体介绍。

（1）水质指数法。利用表征水体水质的物理化学参数的污染物浓度值，通过数学处理，得出一个较简单的相对数值（一般是无量纲值），用于反映水体的污染程度，这种处理方法称为污染指数法。污染指数是定量表示水质的一种数量指标，有反映单一污染物影响下的"分指数"（单一指数）和反映多项污染物共同影响下的"综合指数"两种。利用这两种指数可以进行不同水体之间、同一水体不同部分之间、或同一水体不同时间之间的水质状况比较，即水质评价。

1）单一指数（分指数）。单一指数 I_i，是指某种污染物的实测浓度值（或经过某种计算的取值）C_i 与该污染物的评价标准值 S_i 的比值。计算公式为：

$$I_i=\frac{C_i}{S_i}$$

这里 I_i 是监测值对标准值的比值，又称等标污染负荷，是一个无量纲的数，在一定条件下，可以表示水质相对污染状况：

当 $I_i<1.0$ 时，可以认为水质是清洁的（对某一污染物而言）。

当 $I_i>1.0$ 时，说明水质已污染（对某一污染物而言）。

当 $I_i=1.0$ 时，水质处于临界状态（对某一污染物而言）。

对于性质不同的污染物，其污染指数计算公式有所不同：

a. 对于随浓度增加而污染危害也增加的污染物，如酚、氰、COD 等，其污染指数计算公式为：

$$I_i=\frac{C_i}{S_i}$$

式中：各项意义同前。

b. 对于随浓度增加而危害程度下降的污染物，如溶解氧等，其污染指数计算公式为：

$$I_i=\frac{C_{\max}-C_i}{C_{\max}-S_i}$$

式中：$C_{\max}$为水质指标 i 在水中可能的最大浓度，如 20℃时，水中的饱和溶解氧为 9.2mg/L；I_i、C_i、S_i 意义同前。

c. 对具有最高允许浓度和最低允许浓度限制的污染物，其污染指数计算式为：

$$I_i=\frac{C_i-\overline{S}_i}{S_{\max}-\overline{S}_i}\text{或}I_i=\frac{C_i-\overline{S}_i}{S_i-S_{\min}}$$

$$\overline{S}=\frac{S_{\max}+S_{\min}}{2}$$

式中：$S_{\max}$和 $S_{\min}$分别为某一水质指标标准值的上限和下限；其他项意义同前。

2）综合指数。河流的污染一般是由多种污染物引起的，用单一指数法进行评价，往往不能全面反映水质状况。为了解决这个问题，后来出现了综合指数法。综合指数表示多项污染物对水环境产生的综合影响程度。它是以单一指数为基础，通过各种数学关系式综合求得的。综合计算的方法很多，现介绍几种常用的综合指数计算形式。

a. 叠加型指数。此指数是在 1975 年北京西郊环境质量评价中提出的。计算公式为：

$$I=\sum_{i=1}^{n}\frac{C_i}{S_i}$$

式中：I 为水质综合评价指数；C_i 为污染物 i 的实测浓度，(mg/L)；S_i 为污染物 i 的水环境质量标准，(mg/L)。

此指数计算简单，意义明确。但对取不同参数个数的水体评价缺少可比性，如一个河段取酚、氰、汞、铬四项污染物为评价参数，而另一水域取酚、氰、COD、BOD、砷、铬六项污染物为评价参数，通过计算得到两个综合污染参数 I_1 和 I_2，就不能简单地根据 I_1 和 I_2 的数值大小，做出哪一水域污染严重的结论。另外，此参数是将各污染物对环境的影响平等对待，没有考虑不同污染物对环境影响程度的差别，如某河流锰离子与氰离子的浓度超过允许标准的一倍，它们对 I 值的影响是同等的，但实际是氰离子浓度超标一倍就会带来严重的环境危害，而锰离子浓度超标一倍，对环境的影响是微弱的。

b. 均值型指数。1977 年，在图们江水系污染与水资源保护研究工作中，提出此指数，又称综合污染指标。其计算公式为：

$$I = \frac{1}{n}\sum_{i=1}^{n}\frac{C_i}{S_i}$$

式中：n 为选取的污染物个数，即评价参数的个数；I、C_i、S_i 意义同前。

这种方法解决了参数个数多少不同对指数值的影响，但仍未考虑污染物危害程度不同对指数值的影响。

c. 加权均值型参数：1977 年在南京城区环境质量综合评价研究中提出的水域质量综合指标，即属此型。其计算公式为：

$$I = \sum_{i=1}^{n}W_i\frac{C_i}{S_i}$$

式中：W_i 为污染物 i（即单一指数 C_i/S_i 的加权值，即权重），$\sum_{i=1}^{n}W_i = 1$；I、C_i、S_i、n 意义同前。

当时共选砷、酚、氰、铬、汞五种污染物作为评价参数，按综合污染指数 I 值对水域的水质进行分级（见表 5.1）。

表 5.1　　加权均值型指数水质分级

I 值	级别	分类依据
<0.2	清洁	多数项目未检出，个别项目检出但在标准内
0.2～0.4	尚清洁	检出值均在标准内，个别值接近标准
0.4～0.7	轻污染	有一项检出值超过标准
0.7～1.0	中污染	有 1～2 项检出值超过标准
1.0～2.0	重污染	全部或相当部分监测项目检出值超过标准
>2.0	严重污染	相当部分项目检出值超过标准一倍到数倍

加权型指数应用中的主要问题在于权重（加权值）W_i 的确定。W_i 的确定方法很多，如：流量加权、河段长度加权、湖泊面积加权等。但对于一般情况，多是根据污染参数对环境的影响、对人体健康和生物的危害，确定每个污染参数的相对重要性，给出它们不同的权重。例如，某河段评价参数有酚、氰、铬、砷，那么可按重要性大小，分别给其权重为 0.4、0.3、0.2、0.1，或是根据群众和专家的意见来确定权重。在实际工作中如何确定权重，还要结合实际具体问题具体分析。

d. 均方根型指数。这种指数的形式很多，如：

$$I=\sqrt{\frac{1}{n}\sum_{i=1}^{n}\left(\frac{C_i}{S_i}\right)^2}$$

式中：各项意义同前。

还有比较典型的内梅罗（N. L. Ncmerow）河水污染指数，它最大的特点是考虑了水质的用途，计算公式中不仅考虑了各种参数的平均污染状况，而且考虑了个别水质指标污染程度大的影响，所以有人称它为兼顾极值的指数。具体公式和应用见后面有关章节。

综合指数的形式还很多，在各种水质评价中都有应用。但从基本思路上看，都是将其污染物的实测值与评价标准值比较，得到各污染物的分指数 I_i（即 C_i/S_i），然后采用以上各种方法计算得到污染综合指数。

（2）分级评价法。分级评价法是将评价参数的代表值与各类水体的分级标准分别进行对照比较，确定其单项的污染分级，然后进行等级指标的综合叠加，综合评价水体的类别或等级。1982 年全国水资源调查和评价中曾使用此法。分级评价在具体评分时有不同方式，有十分制分级法（W 分级法）和百分制分级法。这里仅介绍后一种方法，至于 W 分级法参见后面实例。

百分制分级法通常选取 10 个评价参数，如 DO、COD、氰、酚、铅、汞、铬、镉、油、砷等。将评价参数的实测值对照"地表水水质分级、评价标准"（见表 5.2）得出评分分值 A_i，然后采用下式计算总分（M）。

$$M=\sum_{i=1}^{10}A_i(A_i\ \text{为参数评分值})$$

再根据水质分级表（见表 5.3）对水质进行分级。

表 5.2　　地表水水质分级、评价标准

污染级别		COD	DO	氰	酚	油	铅	汞	砷	镉	铬
理想级	mg/L	<3	>6	<0.01	<0.001	<0.01	<0.01	<0.0005	<0.01	<0.001	<0.01
	评分值	10	10	10	10	10	10	10	10	10	10
良好级	mg/L	<8	>5	<0.05	<0.01	<0.3	<0.05	<0.002	<0.04	<0.005	<0.05
	评分值	8	8	8	8	8	8	8	8	8	8
污染级	mg/L	<10	>4	<0.1	<0.02	<0.6	<0.1	<0.005	<0.08	<0.01	<0.1
	评分值	6	6	6	6	6	6	6	6	6	6
重污染级	mg/L	<50	>3	<0.25	<0.05	<1.2	<0.2	<0.025	<0.25	<0.05	<0.25
	评分值	4	4	4	4	4	4	4	4	4	4
严重污染级	mg/L	≥50	≤3	≥0.25	≥0.05	≥1.2	≥0.2	≥0.025	≥0.25	≥0.05	≥0.25
	评分值	2	2	2	2	2	2	2	2	2	2

表 5.3　　水　质　分　级

M 值	100～96	95～76	75～60	59～40	<40
水质等级	理想级	良好级	污染级	重污染级	严重污染级

【例】 现测得某河段水体中含溶解氧 3.5mg/L，酚 0.015mg/L，CN0.04mg/L，As0.03mg/L，Cr0.16mg/L，Hg0.0004mg/L，COD9.5mg/L，油 0.35mg/L，Cd0.025mg/L，Pb0.06mg/L，用百分制分级给予评价。

解 根据各成分含量，按照评分标准（见表5.2）进行各参数评分为：

溶解氧4、酚6、CN8、As8、Cr4、Hg10、COD6mg/L，油6，Cd4L，Pb6。

总分 $$M=\sum_{i=1}^{10}A_i=4+6+8+8+4+10+6+6+4+6=62$$

根据水质分级标准（见表5.3），判断该河段水质为污染级。

通过对上述评价方法的学习可以看出，水质评价实际上是一个分类（级）问题。水质分级是一项十分复杂和关键的工作，需要慎重对待。按照国家环保部门的做法，目前综合水质的分级应与《地表水环境质量标准》（GHZB 1—1999）中水域功能的分类一致。

然而，还应看到水质分级与一般事物的简单分类不同。因为水质污染程度是一个模糊概念，也就是说，类与类之间，并不是“非此即彼”的关系，水质划分的级别不应该是突变的。所以，分级评价法虽然比较直观、明确。但并非都很符合实际。因此，目前人们已开始将模糊数学方法应用于水质评价中。

4. 评价实例

（1）黄浦江水质评价。黄浦江起源于上海市和江苏省交界的淀山湖，流经上海市境内，在吴淞口流入长江，是上海市的主要给水水源，同时也是主要的排污河道。1976～1977年，上海市有关单位针对黄浦江水体受到严重污染，夏季出现黑臭的现象，对其进行了调查和评价。评价人员根据长期实际观察和试验积累的经验，认为主要是氨氮及耗氧有机物的污染，降低了水中溶解氧，造成了发臭现象。因此选择了如下参数：氨氮和氧平衡参数（COD、BOD、DO)，并提出了如下评价公式：

$$A=\frac{BOD_i}{BOD_0}+\frac{COD_i}{COD_0}+\frac{NH_3-N_i}{NH_3-N_0}-\frac{DO_i}{DO_0}$$

式中：BOD_i、COD_i、NH_3-N_i、DO_i 分别为各参数的实测值（mg/L）；BOD_0、COD_0、NH_3-N_0、DO_0 分别为各参数的标准值（mg/L）。

标准值定为：$BOD_0=4$mg/L；$COD_0=4$mg/L；$NH_3-N_0=1$mg/L；$DO_0=4$mg/L。它们是参照当时的国家地面水质三级标准，再根据黄浦江具体情况确定的。根据观察试验，将 $A\geqslant 2$ 定为受到有机污染的标志。分级情况见表5.4。

表5.4 **水 质 分 级**

综合评价值 A	污染程度分级	水质质量评价	综合评价值 A	污染程度分级	水质质量评价
<0	0	良好	2～3	3	轻污染
0～1	1	较好	3～4	4	重度污染
1～2	2	一般	>4	5	严重污染

按照此分级办法，他们对重要监测断面进行了综合评价，见表5.5。

由于黄浦江水质发臭现象以每年5～8月份最为严重，所以表中列出6月、10月的 A 值作具体分析。

表 5.5　　综合评价 A 值

时间	上游		支流									
	淀山湖	淀峰	老塘	六磊塘	日晖港	白莲泾	苏州河	虹港	杨浦港	虬江	高桥港	蕴藻浜
6月	−0.64	−1.33	0.90	1.32	28.03	3.23	10.11	10.59	8.91	7.56	2.25	5.59
10月	−0.78	−1.05	10.05	1.72	3.07	0.52	2.09	5.22	32.25	9.87	3.15	−0.14

从表5.5可以看出，黄浦江上游淀山湖和淀峰有机污染评价值 A 为负值，表明上游水质良好。但从日晖港起，黄浦江进入市区后，由于纳入了大量城市生活污水和工业废水，水中有机物质增多，污染加剧，A 值出现高峰，大都超过2。

表5.5中所列10条支流都是上海市区和郊区几个重要工业区的主要排污河道，因而 A 值普遍较大，表明受有机污染严重。10条支流的 A 值，6月有8条大于2，6条大于4，达到了严重污染，最大值出现在日晖港，高达28.03。10月有7条大于2，4条大于4，最大值在杨浦港，高达32.25。

(2) 洋河下游段有机污染评价。洋河位于河北省西北部，属桑干河支流，官厅水系。下面主要通过 W 分级评价法对洋河下游两个断面有机污染的情况作出评价。

首先赋予各项监测值以"评分数"，然后将评分数转换成"数学模式"，再对水质进行"污染分级"，写出污染表达式。

评价中以1988年6月1日国家公布的《地面水环境质量标准》(GB 33838—88) 为分级和评分的依据，选DO、BOD_5、I_{Mn} 和挥发酚等作为评价参数，把各项目或污染物的含量分为Ⅰ～Ⅴ级，其评分标准见表5.6。

表 5.6　　评 分 标 准

项目	Ⅰ级		Ⅱ级		Ⅲ级		Ⅳ级		Ⅴ级	
	mg/L	评分	mg/L	评分	mg/L	评分	mg/L	评分	mg/L	评分
DO	⩾6	10	⩾5	8	⩾3	6	⩾2	4	<2	2
BOD_5	<3	10	<4	8	<6	6	<10	4	>10	2
I_{Mn}	⩽4	10	<6	8	<8	6	<10	4	>10	2
挥发酚	<0.002	10	<0.005	8	<0.01	6	<0.1	4	>0.1	2

洋河下游八号桥断面、逐鹿桥断面水质有机污染评价情况如表5.7所示。

表 5.7　　有机污染评价表

断面	年度	DO		BOD_5		I_{Mn}		挥发酚		级别	数学模式	污染表达式	超标项目
		mg/L	评分	mg/L	评分	mg/L	评分	mg/L	评分				
八号桥	(1)	8.32	10	6.13	4	4.34	8	未	10	Ⅲ	$4N_{10}^2N_8^1N_4^1$	$4W_{Ⅲ-1}$	BOD_5
	(2)	6.00	10	5.62	6	14.50	2	0.019	4	Ⅳ	$4N_{10}^1N_6^1N_4^1N_2^1$	$4W_{Ⅳ-1}$	I_{Mn}
	(3)	7.70	10	15.95	2	11.30	2	0.013	4	Ⅴ	$4N_{10}^1N_4^1N_2^2$	$4W_{Ⅴ-2}$	BOD_5，I_{Mn}
逐鹿桥	(1)	10.55	10	3.69	8	1.99	10	未	10	Ⅰ	$4N_{10}^3N_8^1$	$4W_{Ⅰ-1}$	BOD_5
	(2)	7.40	10	2.30	10	3.45	10	0.003	8	Ⅰ	$4N_{10}^3N_8^1$	$4W_{Ⅰ-1}$	挥发酚
	(3)	9.85	10	8.00	4	2.60	10	0.002	10	Ⅱ	$4N_{10}^3N_4^1$	$4W_{Ⅰ-1}$	BOD_5

注　(1) 为1981～1982年；(2) 为1986～1987年；(3) 为1991～1992年。

表中数字模型为 $SN_{10}^{x}N_{8}^{x}N_{6}^{x}N_{4}^{x}N_{2}^{x}$，$S$ 为监测总项数，N_{10}^{x} 为监测值得 10 分的项数，余类推，污染表达式为 SW_{J-C}，J 为污染评价级别级Ⅰ～Ⅴ，C 为超过相应的地面水各类水体标准的项数。超标的含义如下：评价Ⅰ级水的超标项目是指超过地面水二类水体的项目；评价Ⅱ级水的超标项目是指超过地面水的三类水体的项目；评价Ⅲ级水的超标项目是指超过地面水四类水体的项目；评价Ⅳ级超标项目是指超过地面水五类水体的项目；评价Ⅴ级超标项目指的是超过地面水五类水体的项目。

从变化情况来看，八号桥断面水质呈逐年恶化趋势，由 1981～1982 年的评价Ⅲ级，降为 1986～1987 年的评价Ⅳ级和 1991～1992 年的评价Ⅴ级。即由地面水四类水体降为五类水体及低于五类水体。由于导致水质恶化的主要污染物为 I_{Mn} 和 BOD_5，因此可以推测该状况主要是由工业废水及生活污水大量进入水体所造成的。八号桥断面是洋河流入官厅水库的最后一个监测断面，在当时其水质恶化，对官厅水库水质有直接影响。

逐鹿桥断面的水质较好，但近年来 BOD_5 的含量有上升趋势。水质由 1987 年以前的评价Ⅰ级降为 1991～1992 年的评价Ⅱ级，即由地面水的二类水体降为三类水体。

5.1.3 水体质量综合评价

作为水体质量的整体概念，除了水层的水质外，还应包括底泥和水生生物的质量状况。有关水质评价方法上节已经讲过，本节将主要介绍底质和生物学评价方法，并通过对湖泊水体质量的评价，介绍水体质量综合评价的内容。

1. 底质评价

底质评价方法与水质评价方法相似，也是先求出各评价参数（通常选 pH 值、氧化还原电位、灼烧减重、氮、磷及汞、铬、砷等有毒物质）的单一指数：

$$I_i=\frac{C_i}{S_i}$$

然后再用前面所述的“叠加”、“均值”等方法求出底质综合指数。由于缺乏底质的评价标准（S_i），目前常采用评价地区未受污染或稍污染的土壤中同类物质自然含量的监测上限代替。

2. 生物学评价

生物学评价可以通过求生物指数来进行，也可以根据水生生物的种类来评价。

（1）生物指数。各种污染物质使水体生态环境恶化，造成生物群落发生变化，生物指数是根据生物种群的变化，求出一定的数量值，用以反映水体的质量。

a. Beck 指数。该指数按底栖大型无脊椎动物对有机污染的耐性分成两类：Ⅰ类是不耐有机污染的种类，Ⅱ类是能忍受中等程度的污染，但非完全缺氧条件下的种类。将一个调查地点内Ⅰ类和Ⅱ类动物种类数 n_{I} 和 n_{II}。按下式计算：

$$I=2n_{\text{I}}+n_{\text{II}}$$

当 $I=0$ 时，为严重污染；$I=1\sim10$，为中度污染；$I>10$，为清洁水。

此法要求调查采集的各测站环境因素力求一致，如水深、流速、底质、水草等。

b. 污染生物指数。颤蚓可用来作为污染生物的代表。颤蚓类的数量占整个底栖动物数量的百分数就是污染生物指数。

$$生物指数(\%)=\frac{颤蚓类个体数}{底栖动物个数}\times100$$

当此指数小于60%时，表示水质良好；60%～80%时为中等污染；大于80%时为严重污染。

c. 硅藻类生物指数。用河流中硅藻的种类计算生物指数。计算公式为：

$$I=\frac{2A+B-2C}{A+B-C}\times 100$$

式中：A 为不耐污染的生物种类数；B 为对有机污染不敏感的种类数；C 为污染区内特有的生物种类数；I 为生物指数，I 越大表明水质越好，I 越小污染越严重。

d. 群落多样性生物指数。该指数是利用水生物群中种数与个体数的比值来确定污染的情况。由于水体遭受污染后，生物种群中往往出现某些种类减少，而另一些抵抗污染力强的种类个体数量却大量增加。对于不同程度污染的水域，它们的比值是不同的，故可以利用这个比值关系来评价水污染情况，早期提出的指数公式为：

$$d=\frac{S}{\ln N}$$

式中：S 为生物群种数；N 为各类生物的总个体数；d 为多样性指数，d 值越小，表示水被污染得越严重。

上式过于简单，易于掩盖不同生物群中种间个体数量相对差异性，而且 d 与样品的多少有关。下面的公式可以克服这些缺点。

$$d=-\sum_{i=1}^{S}\left(\frac{n_i}{N}\right)\log_2\left(\frac{n_i}{N}\right)$$

式中：n_i 为样品中第 i 种生物的个体数（$i=1, 2, 3, \cdots, S$）；N 为样品中生物个体总数；d 的意义同前，可以分为5个等级：D 为严重污染，0～1为重污染，1～2为中污染，2～3为轻污染，3以上为清洁水体。

（2）指示生物。河流被污染后，在污染源下游相当长的流程内，由于水体的自净作用，污染程度逐渐降低，水生生物种类发生相应的变化。根据出现的各种特有的指示生物，污染程度逐渐沿流程可分成几个连续的污染带：多污带、α-中污带、β-中污带和寡污带。各污染带的化学和生物学特征见表5.8。

表5.8 污水生物体系各污染带内的化学和生物学特征

特征	多污带	α-中污带	β-中污带	寡污带
化学过程	因腐败现象引起的还原和分解作用明显开始	水和底泥中出现氧化作用	到处进行氧化作用	因氧化使矿化作用达到完成阶段
溶解氧	全无	有一些	较多	很多
BOD	很高	高	较低	低
硫化物形成	有强烈硫化氢味，大致可以辨识	硫化氢臭味消失	无	无
水中有机物	有大量高分子有机物	因高分子有机物分解而产生氨基酸	有很多脂肪酸胺化合物	有机物全分解
底质	往往有黑色硫化铁存在，故常带黑色	硫化铁已氧化成氢氧铁，故不呈黑色		大部分已氧化
水中细菌	大量存在，每毫升水中达100万个以上	很多，每毫升水中达10万个以上	数量减少，每毫升水中在10万个以下	少，每毫升水中在100个以下

续表

特征	多污带	α-中污带	β-中污带	寡污带
栖息生物的生态学特性	所有动物皆为细菌摄取者，均能耐pH值的强烈变化，均为耐低溶解氧的嫌气性生物，对硫化氢、氨等有强烈的抗性	以摄食细菌的动物占优势，其他有食肉性动物。一般对pH值和溶解氧变化有高度适应性。能忍耐氨，但对H_2S的忍耐弱	对溶解氧和pH值变化的忍耐性差，对腐败性毒物无长时间的耐性	对溶解氧和pH值变化的耐性很差，特别缺乏对腐败性毒物（如H_2S等）的耐性
植物	出现无硅藻、绿藻、结合藻和高等植物	藻类大量发生，有蓝藻、绿藻、结合藻和硅藻出现	多种硅藻、绿藻、结合藻出现，此带为鼓藻类主要分布区	水中藻类少，但着生藻类多
动物	微型动物为主，原生动物占优势	微型动物占大多数	多种多样	多种多样
原生动物	有变形虫、纤毛虫，但无太阳虫、双鞭毛虫和双管虫	逐渐出现太阳虫、双管虫，但无苏联鞭毛虫出现	出现太阳虫、双管虫中耐污性弱的种类和双鞭毛虫	仅有少数鞭毛虫和纤毛虫
后生动物	仅有少数轮虫、蠕形动物、昆虫幼虫出现。水螅、淡水海棉、苔藓动物、小型甲壳类、贝类、鱼类不能在此生存	有贝类、甲壳类、昆虫出现，但无淡水海棉、苔藓动物，鱼类中的鲤、鲫、鲶等可在此带栖息	淡水海藻、藓苔动物、水螅、贝类、小型甲壳类两栖动物、鱼类多种出现	除各种动物外，昆虫幼虫种类极多

可以根据污染特征，如水中细菌数等指标，说明水质污染程度。这种利用对环境中某种污染敏感（或有较高耐量）的生物种类的存在（或缺失），来指示其所在水体该污染物的多寡或分解程度的方法，即为生物指示法。

3. 水体质量综合评价

有了水质、底质和生物学评价以后，便可以对整个水体的质量进行综合评价。方法有均值法、加权法。

$$I_{综}=\frac{1}{3}(I_{水}+I_{底}+I_{生})$$

$$I_{综}=W_{水}I_{水}+W_{底}I_{底}+W_{生}I_{生}$$

式中：$I_{综}$为水体综合指数；$I_{水}$、$I_{底}$、$I_{生}$分别为水质、底质、生物学评价的综合指数；$W_{水}$、$W_{底}$、$W_{生}$分别为水质、底质、生物学评价值所占的权重。

将得到的综合评价值$I_{综}$按一定原则进行适当的污染分级，即可概括出水体的质量状况。

4. 评价实例

(1) 白洋淀水体综合评价。在本例水体综合评价中采用了如下模式：

$$I_{综}=I_{水}+I_{底}+I_{生}$$

其中，水质和底泥采用指数评价法。

$$I=\sum_{i=1}^{n}\frac{C_i}{S_i}C_k$$

式中：I为污染物i的综合污染指数；C_i为污染物i的实测值（mg/L）；S_i为污染物i的

评价标准（mg/L）；C_k为综合系数，定为0.1。

生物评价采用如下指数公式：

$$I_{生} = \sum_{j=1}^{n} \frac{C_j}{S_j} \times 100\%$$

式中：$I_{生}$为生物指数；C_j为j监测点水中耐污染无脊椎动物数量（个）；S_j为j监测点水中无脊椎动物总数量（个）。

水体综合指数$I_{综}$，并参照水体生态特征，将白洋淀的污染程度分为四级（见表5.9）。

表 5.9　　白洋淀综合污染指数分级

级别	污染程度	指　数	生　态　特　征
Ⅰ	未污染	<0.40	大多数污染物含量低于标准，个别超标。无色无味，氧化环境，NH_4^+态氮矿质化，浮游藻类少，昆虫幼虫为主，沉水植物和浮叶植物丰富，组成苦菜，杂群落
Ⅱ	轻污染	0.40～0.60	个别污染物超标，无色无味，氧化环境，NH^3态氮转化为NH_4^+态氮，软体动物以虾类为主，沉水植物组成黑藻群落，挺水植物、浮叶植物稀少
Ⅲ	中污染	0.60～0.80	有两种污染物超标，水色灰褐，氧化还原环境，有机物分解为NH_3态，软体动物较多，也有一定数量的水丝蚓，沉水植物以竹叶眼子菜，南齿眼子菜群落为主，浮叶植物出现水鳖
Ⅳ	重污染	>0.80	两种以上污染物超标率较高，水呈茶褐色，氧化还原环境，浮游生物多，水丝蚓摇蚊幼虫为主，浮叶植物水鳖群落组成，沉水挺水植物稀少

（2）阳澄湖水体综合评价。1977年，江苏省地理研究所与南京大学对江苏省内阳澄湖进行了综合评价。

评价过程是在获得有代表性的环境调查资料后，先分别进行水质、生物和底质各自的综合评价，然后再作水体综合评价。

水质综合评价选择参数较多，采用的是污染指数法和分级叠加法（此处略）。

底质综合评价，选择有机质含量、pH值、硫化物、汞、铬、砷为参数。由于缺乏关于底质污染的统一标准，当时是根据苏南地区主要土类及第四纪沉积物的本底调查，结合湖区情况，提出了阳澄湖底质中有害物质自然含量的上限：

汞：0.3mg/kg；砷：10mg/kg；铬：60mg/kg；硫化物：60mg/kg。

以此作为底质污染的标准。求出单项参数的污染指数（分指数），再用公式

$$底质综合指数=[(分指数的最大值^2+分指数的平均值^2)/2]^{1/2}$$

计算求得底质综合指数，并以此分级：

底质综合污染指数	底质污染分级
<1.0	清洁
1.0～1.5	轻污染
>1.5	污染

最后根据各采样点的污染分级，作出底质的综合污染分区图。

生物学评价，主要是通过鉴定藻类和底柄无脊椎动物的组成来进行的。根据对优势种和代表种的种群及其数量的分析，来判断水体的污染程度，同时参考Beck指数法计算结

果，共同划分污染等级。

在作出水质、生物、底质的综合分区图后，根据三者资料的代表性资料、与人体健康的密切程度及其他用途进行水体的综合评价。由于阳澄湖底质常年受挖泥积肥的影响，其资料代表性差，而生物监测的项目少，且没有明确的划分污染标准，因此，在评价水体的质量时，水质、生物、底质的权重应不同。二者的权重依次为 0.6、0.3、0.1。将其代入下述公式，即可得出各点的综合质量指数。

$$P=\sum M_i W_i$$

式中：P 为水体质量等级；M_i 为水质、生物、底质的分级值；W_i 为水质、生物、底质的权重。

例如，某采样点水质为 2 级，生物为 1 级，底质为 3 级，则该点综合质量等级为

$$P=2\times0.6+1\times0.3+3\times0.1=1.8\approx2$$

即为 2 级。经过逐点计算，得出各采样点相应的质量分级，最后绘出该湖的水体质量综合分区图（略）。

5.1.4 地下水质量评价

1. 评价目的和原则

随着城市建设、工业发展、地下水的大规模开发利用，地下水的水质和水量均发生了显著变化。不仅影响到城市供水质量，危及人体健康，而且诱发出水源枯竭、地面下沉、咸水入浸等一系列水文地质、工程地质问题。因此，研究这些问题并提出防治措施就成了城市环境中迫切需要解决的问题，是城市环境质量评价不可分割的重要组成部分。进行地下水质量评价，其目的就是研究和认识城市地区的环境水文地质条件和特征，以及随着城市发展、地下水开发利用而带来的地下水质的变化，为控制地下水污染，制定城市水资源政策提供科学依据。

地下水质评价与地表水质评价相比，除具有评价工作的相同特征外，还有它自己的特点。由于地下水埋藏于地质介质中，受地质构造、水文地质条件及地球化学条件等多因素的影响，水质的污染十分缓慢和复杂，所以评价它较地面水就更为困难。

对于地下水质量评价，主要遵循的几条原则是：

(1) 评价工作主要限于那些已经或将要以地下水作为供水源的城市或工业区。

(2) 评价工作必须在已有城市水文地质工作的基础上进行，没有开展过水文地质、工程地质普查的城市同时开展水文地质、工程地质调查和研究工作。

(3) 必须有地下水质监测资料作基础，在缺乏监测资料的地区应首先开展水化学研究。

(4) 必须以地下水资源的质量变化和地质环境的质量变化为重点，结合该地区的环境水文地质条件类型来进行。

2. 评价参数的选择

在自然界中，影响地下水质量的有害物质很多。无机化合物有几十种，有机化合物有上百种，其中能溶解于水的有 70 多种。不同地区，由于工业布局不同，污染源不同，污染物组成也就存在很大差异。因此，地下水质量评价参数的选择要根据研究区的具体情况而定。一般情况下，可把地下水污染物质分为如下几类：

（1）能反映地下水的常规理化指标。如：

K^+、Na^+、Ca^+、Mg^{2+}、SO_4^{2-}、Cl^-、HCO_3^-、CO_3^{2-}、NH_4^+、NO_3^-、pH值、矿化度、总硬度等。

（2）有毒的金属和非金属物质。如汞、铬、镉、铅、砷、氟化物、氰化物等。

（3）有机有害物质。如酚、有机氯、有机磷等。

（4）微生物。如细菌、病虫卵、病毒等。

各地区在评价地下水质量时，除第一类反映地下水质量的一般理化指标必须监测之外，还要根据各地的污染特点来选择评价参数。值得指出的是，由于地下水埋藏于地下，地表污染源、表层地质结构、地貌特征、植被、人类开发工程、水文地质条件及地下水开发现状等，都直接影响地下水质量的好坏，所以在选择评价参数时，也应对其加以考虑。

3. 评价标准的选择

由于地下水大多数作为饮用水源，故一般都以饮用水的卫生标准作为评价标准。但严格地说，这是不够的。因为饮用水卫生标准只能表示人体对地下水中各种元素的适应能力，标准本身也会随着环境的变异和病理学研究的深入而改变。再者，地下水从未污染、开始污染到严重污染，以致不能饮用，要经历一个从量变到质变的过程，仅仅用卫生学标准往往不能反映地下水质的量变过程。为此，有人提出以污染起始值作为地下水质的评价标准。计算公式如下：

$$X_0=\overline{X}+2\delta=\overline{X}+2\sqrt{\frac{\sum(\overline{X}-X_i)^2}{n-1}}$$

式中：X_0 为污染起始值，即最大区域背景值；$\overline{X}$为背景值调查的平均结果；X_i 为背景值调查中各水井污染物的实际含量；n 为背景值调查样品的数量；δ 为样品数据的总体标准偏差。

污染起始值不仅可以反映地下水质从量变到质变的污染过程，而且还能弥补有些成分目前还没有标准的不足。

4. 评价模式（综合指数法）

综合指数法多是以评价地表水为目的而提出的，在前面地表水水质评价中已多次讲到。此类方法评价地下水的例子也有很多，这里仅引用两例。

（1）内梅罗（N. L. Nemctow）指数的应用。美国学者 N. L. Nemterow 建议，按河流水不同用途将水划分为三类：

1）人类直接接触用水（$j=1$）。包括饮用水、游泳用水和食品制造用水等。

2）间接接触用水（$j=2$）。包括养鱼、农业用水等。

3）非接触用水（$j=3$）。包括工业冷却水、航运等。

每类用水都可求出分类的水质指数

$$I_j=\sqrt{\frac{\left(\max\frac{C_i}{S_{ij}}\right)^2+\left(\frac{1}{n}\sum_{i=1}^{n}\frac{C_i}{S_{ij}}\right)^2}{2}}$$

式中：C_i 为水质项目 i 的实测值；S_{ij} 为水质项目 i 在不同水的用途 j 时的标准值；$\max(C_i/S_{ij})$ 为水的各种指标 C_i/S_{ij} 中的最大值；$\sum(C_i/S_{ij})/n$ 为水的各种指标 C_i/S_{ij} 中的平均值。

由 I_j 可求出总水质指数

$$I=W_1I_1+W_2I_2+W_3I_3$$

式中：W_1、W_2、W_3 分别为水体不同用途所占的权重，$W_1+W_2+W_3=1.0$。

该指数在地下水评价中的应用也是将水质分为三种用途（饮用水、灌溉水、工业冷却水等），用分类水质指数计算，求出总水质指数。

根据计算结果和地下水污染的实际情况，将地下水的污染分为三级，并以此进行污染程度分区：

1）$I>1$，说明地下水综合污染程度较重，必须考虑控制其发展，不能作饮用水源。

2）$I=0.5\sim1$，说明地下水遭到污染，应引起有关方面的重视。

3）$I<0.5$，说明地下水基本上属于未污染。

应该指出，内梅罗指数计算公式兼顾了多项污染物的平均状况及影响最严重的一个水质参数，对地下水污染评价有一定的适用价值，但也还存在综合指数偏高问题。

（2）沈阳地下水质量评价。由于地下水大多作为饮用水源，因此水质评价不能忽视其对人体健康的影响。这一点在为沈阳地下水质评价而提出的污染指数中得到了体现。

$$W_c=\sum_{i=1}^{n}\frac{C_i}{X_0}\lg\frac{\sum C_b}{C_{bi}}$$

式中：W_c 为某水井中地下水的污染指数；C_i 为样品中某污染物的实测含量（mg/L）；X_0 为该种污染物起始值（mg/L）；C_{bi} 为该种污染物的饮用水标准（mg/L）；$\sum C_b$ 为调查中所有污染物饮用水标准的综合（mg/L）；n 为一监测项目数。

上面表达式中，$\frac{C_i}{X_0}$表明某水井中某种污染物的异常情况，$\lg\frac{\sum C_b}{C_{bi}}$表明该种物质在所有监测项目中对人体健康效应影响系数，对某一种污染物来说，它是一个常数（见表5.10）。

通过以上几节介绍可以看出，水质评价的方法很多，而且在不断发展。在应用这些方法评价水质时，要根据具体情况，可以选用一种、两种甚至几种方法进行，使评价结果较为全面，反映实际。

表5.10　　各种污染物的健康效应影响系数

项目	$\lg\frac{\sum C_b}{C_{bi}}$	项目	$\lg\frac{\sum C_b}{C_{bi}}$	项目	$\lg\frac{\sum C_b}{C_{bi}}$	项目	$\lg\frac{\sum C_b}{C_{bi}}$	项目	$\lg\frac{\sum C_b}{C_{bi}}$
SO_4^{2-}	0.408	硬度	0.651	砷	4.505	镉	4.806	锌	2.806
Cl^-	0.505	酚	5.505	汞	5.806	铜	2.806		
NO_3^-	1.153	氰	3.107	铬	4.107	铅	3.806		

学习情境5.2　水　质　预　测

5.2.1　水质预测概述

在管理工作中，决策和计划占有很重要的地位，正确的决策和计划主要取决于科学预测。预测通常是根据历史资料及现状，经过定性的经验分析或定量的计算，以探索事物的演变规律。

1. 预测的分类和预测模型

(1) 预测的分类。预测的类型很多，有多种分类方法。

1) 按预测对象可分为六大类：社会预测、经济预测、科学预测、技术预测、军事预测、环境预测。

2) 按预测技术属性可分为：定性预测、定量预测、定时预测。

3) 按预测时间可分为：近期预测、短期预测、中期预测、长期预测、未来预测。

4) 按预测方式可分为：直观性预测、探索性预测、目标预测、反馈预测。

(2) 预测模型。预测的常用方法之一就是模型法。顶测模型是预测的核心，建立预测模型是预测技术的关键。

预测模型按变量之间的关系可分为：因果关系模型、时间关系模型和结构关系模型等；按变量的形式又可分为：线性预测模型和非线性预测模型；按变量的数量预测可分为：一元模型和多元模型等。

环境预测是研究社会、经济发展给环境所造成的负担，即污染问题。预测污染物质的产生量，对未来或未知的环境前景进行估计和推测，以便采取对策，防治污染，改善环境。环境预测一般包括两个方面的内容：一是污染物排放量的预测；二是区域环境质量的预测，通过污染物的排放量来推断环境质量发展变化的方向和程度。

水质预测属于环境预测的一部分，即预测未来水平年排入水体污染物的种类和数量，并据此来推断水环境质量发展变化的方向和程度。科学的水质预测是水质评价和管理的依据。对未来的水质状况预测越准确，作出的决策就越正确，实现确定的目标就越有把握。

2. 水质预测的一般方法与程序

(1) 水质预测的一般方法。水环境质量预测是通过已取得的情报资料和监测、统计数据对水污染的现状进行评价，对将来或未知的水质前景进行估计和推测。水质预测不仅是进行水资源保护决策的依据，促进环境科学管理的动力，也是制订区域、流域水污染综合防治规划及水资源保护规划的基础。水质预测是根据经济、社会发展规划中各水平年的发展目标进行的。

进行水质预测的方法主要取决于预测的目的和所能得到的数据资料。对于区域和流域水环境预测来说，一般有两种方法：从整体到局部的宏观预测，以及从局部到整体的微观预测。

1) 宏观预测。预测流域、区域或整个城市实施经济、社会发展规划对水环境的影响。首先从流域、区域或城市国民经济生产总值的增长入手，用数学模型或统计方法求出万元产值的排污量，据此预测各经济、社会发展水平年的排污增长量；再根据人口预测，计算生活污水的增长，求出整个流域、区域或城市在各个经济、社会发展水平年污水和污染物的排放总量。然后根据水质调查和现状评价及水质保护目标，再分别预测区域内的各个局部的排污数量，并作出相应的影响评价。

2) 微观预测。将流域、区域或城市分为若干子系统（如行业、地区），根据各系统的具体发展规划，按照主要污染物的排放量和分布，逐行业、逐地区地分别预测出主要污染物的排放量。最后预测出整个流域、区域或城市在经济、社会发展的各个水平年主要污染物及污水的排放总量，并作出相应的影响评价。

（2）水质预测的一般程序。水质预测一般可分为三个阶段，如图 5.2 所示。

1）准备阶段。明确水质预测的目的，制定预测计划，确定预测时间，搜集进行水质预测所必需的数据和资料。

2）综合分析阶段。分析数据和资料，选择预测方法，修改或建立预测模型，检验预测模型等。

3）实施预测阶段。实施预测并进行误差分析，提交预测结果。

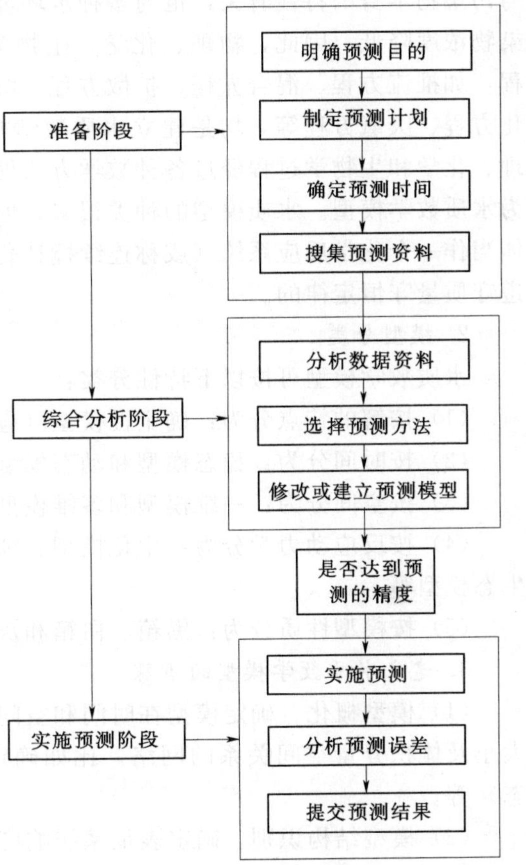

图 5.2 水质监测的一般程序

5.2.2 建立数学模型

水质数学模型表达式，是描述污染物在水体中运动变化规律及其影响因素相互关系的数学，它是目前环境质量数学模型中发展最早、应用最广的一种。

1. 水质数学模型的建立

（1）建立模型的依据。污染物在水体中的运动变化，污染物进入水体后，发生着各种运动变化。

a. 推流迁移。推流迁移指污染物随着水流在空间三个方向上平移运动所产生的迁移作用，也称平流迁移。推流迁移只改变污染物所处的位置，而不改变污染物的浓度。推流迁移的污染物质量通量与水流速度有关。

b. 分散稀释。分子扩散。分子扩散是由污染物分子的随机运动引起的质点分散现象。分子扩散的质量通量与污染物的浓度梯度成正比，分子扩散的强弱用分子扩散系数表示。

湍流扩散。湍流扩散是水体湍流质点的各种状态（流速、压力、浓度等）的瞬时值相对其时段平均值的随机脉动而引起的分散现象。湍流扩散的强弱用湍流扩散系数表示。

弥散作用。弥散作用是由于横断面上的流速分布不均匀引起的分散现象。弥散作用的强弱用弥散系数表示。

常温下，分子扩散系数在水中为 $10^{-9} \sim 10^{-10} m^2/s$；湍流扩散系数在河流中为 $10^{-4} \sim 10^{-6} m^2/s$；弥散系数在湖库中很小，在河流中为 $10^{-2} \sim 10^{2} m^2/s$；而在河口很大，可达 $10 \sim 10^{3} m^2/s$。

c. 降解和转化。进入水体的污染物可分为持久性和非持久性两大类。

持久性污染物进入水体后，进行着推流迁移和分散稀释作用，不断改变所处的空间位置，同时降低其浓度，但其总量很难减少，如重金属、高分子聚合物等。

非持久性污染物进入水体后，除了推流迁移和分散稀释作用外，还进行着降解和转化作用，不但污染物所处的空间位置和浓度发生变化，而且污染物的总量也会减少。降解和转化的机理一般为物理作用、化学作用和生物作用等。

（2）建立模型的理论基础。污染物进入水体后进行着一系列运动变化过程，这些过程与污染物本身的特性有关，也与多种水环境条件紧密相连。在这些过程的综合作用下，污染物浓度降低。因此，物理、化学、生物学和水力学中用来描述这些过程的各种散学方程，如推流方程、混合方程、扩散方程、沉淀方程、吸附方程、氧化方程、碳化方程、硝化方程、厌氧方程等，均是建立水质数学模型的理论基础。将污染物在水体环境中的物理、化学和生物学过程经过各种数学方法处理，形成水质变化规律的各种数学表达式，即为水质数学模型。水质模型的种类很多，但不论哪一类模型，都是将所研究的某一特定水体当作一个化学反应系统（或称连续搅拌化学反应器），在这个系统内，污染物的变化是遵守质量守恒定律的。

2. 模型分类

水质数学模型可按以下特性分类：

（1）按解的特点分为：确定性模型（应用最广）和随机性模型。

（2）按时间分为：稳态模型和动态模型。

（3）按空间分为：一维模型和多维模型。

（4）按反应动力学分为：生化模型、纯转移模型、纯反应模型、转移和反应模型以及生态模型等。

（5）按模型性质分为：黑箱、白箱和灰箱模型。

3. 建立水质数学模型的步骤

（1）模型概化。确定模型在时间和空间上的规律和范围，将系统描述为具有一定形状大小及体积分量空间关系的网络。比如确定模型的维数（空间）和状态（是稳态还是动态）等。

（2）模型结构识别。确定表征系统响应的参数及模型的函数结构。用数学方法描述系统每个分量的水环境行为、过程和功能；确定在其范围内必须进行模拟的边界条件。然后根据一些数学方法和判别准则，对模型的函数表达式进行识别和检验，看其是否能代表系统动态的真实情况，如果不能代表则须重新进行概括和修改。

（3）模型参数的估值。模型的基本参数确定后，就应估计其具体数值。可通过实验室模拟试验或将现场测定数据代入模型，选择最佳拟合观测值作为模型的参数值。

（4）模型灵敏度分析。参数的变化对模型的影响程度称为模型的灵敏度。在其他参数不变时变动某一参数；若函数值随之发生较大的变化，则说明函数对该参数灵敏度高，应严格控制这个参数，以保证模型的精确性。

（5）模型的验证。在建立模型过程中，作了一系列的假设，这些假设与实际情况有一定差别，在取得数据之后，由于受到误差的于扰，也可能使参数估计产生误差。因此，为判别所建立的水质模型是否有效，必须使用新的现场观测数据来加以验证。如果结果不满意，则须重复前述步骤，重新建立模型。

（6）模型的应用。用模型来解决实际问题时，要选择适当的求解技术，将函数表达式变换为适合于求解的形式，形成模型的输入和输出。应当弄清楚，哪些变量是模型的输入量，哪些是所需要的输出量；输入量必须去搜集，输出量则是模型的计算结果，是解决实际问题所需要的信息随时间不发生变化；若污染物浓度随时间发生变化则为动态，又称非稳态。

5.2.3 水质预测实践

新建、扩建、改建的直接或间接向水体排放污染物的建设项目和其他的水利工程，都不同程度地影响着水体水质以及生态环境，必须在建设前对它们的影响作出科学的评价，并向有关单位提交“环境影响报告书”。对水质和生态环境有较大不良影响的工程应采取相应的环保措施后才能开工，否则应停建或缓建。

预测建设项目对水环境的影响，应尽量采用成熟、简便并能满足要求的预测方法。一般有两类方法。

第一类是定性分析法，如专家判断法是利用专家的经验来推断建设项目对水环境的影响；类比调查法是参照现有相似工程对水体的影响，来推测拟建项目对水环境的影响。

第二类是定量预测法，常指应用物理模型和数学模型进行预测，水质数学模型应用最多最广。定性分析法具有省时、省力、耗资少等优点，但结果是定性的、不能量化；定量预测法的结果是量化的比较准确，但耗时、耗力、耗资多。具体应用时可结合实际情况和要求选用合适的预测方法。

本节仅介绍利用水质数学模型预测建设项目对水体水质影响的有关内容。

水体水质的变化是由排污系统的水质水量变化和受纳水体的水质水量变化引起的。因此，进行水体水质污染预测需要掌握以下资料：

(1) 污染物排入水体的情况（排入的量和时空分布等），这是水质系统的输入。

(2) 受纳水体的水质水量情况。

(3) 污染物排入水体后的变化规律（迁移、分散稀释和降解等），这是水质系统的运行状态。

建立合适的水质数学模型，根据水质系统的输入和运行状态，推求水质数学模型系统的输出，这就是水体水质变化的预测结果。水质预测分为污染源预测和水质污染预测。

1. 污染源预测

(1) 工业废水排放量预测。工业废水排放量预测常用下式计算：

$$W_t=W_0(1+r_\omega)$$

式中：W_t为预测水平年工业废水排放量（万 m^3）；W_0 为基准年工业废水排放量（万 m^3）；r_ω为工业废水排放量年平均增长率；t 为基准年至预测水平年的时间间隔（年）。

利用上式预测工业废水排放量关键是求 r_ω；如果资料比较完善，可以用统计回归方法求出 r_ω；如果资料不完善，则可结合经验判断方法求出 r_ω。

(2) 生活污水量预测。生活污水量预测可用下式计算：

$$Q=0.365AF$$

式中：Q 为生活污水年排放量（万 m^3）；A 为预测年份人口数（万人）；F 为人均生活污水量 [L/(日·人)]；0.365 为单位换算系数。

预测年份人均生活污水量常用人均生活用水量代之，不同地区水资源情况不一样，用水习惯不一样，其值不同，可根据当地实际取值。预测年份人口数采用地方人口规划值，无地方规划值时，根据基准年人口增长率计算获得。其计算式为：

$$A=A_0(1+P)^n$$

式中：A_0 为基准年人口，万人；P 为人口增长率；n 为规划年与基准年的年数差值。

2. *污染物排放，预测*

（1）工业污染物排放量预测。预测工业污染物排放量可按下式计算：

$$W_t=(q_1-q_0)\times C_0\times 10^{-2}+W_0$$

式中：W_t 为预测年份某污染物排放量（t）；q_1 为预测年份工业废水排放量（万 m^3）；q_0 为基准年工业废水排放量（万 m^3）；C_0 为含某污染物废水的工业排放标准（mg/L）；W_0 为基准年某污染物排放量（t）。

（2）BOD 排放量预测。BOD 排放量预测需对工业污染源及生活污染源分别预测，然后再相加。如果经过污染源调查，已知各行 BOD 排放量与产值的关系，并建立起适当的模型，又已知工业发展规划（各行业的产值增长及各行业所属工厂的布局），即可进行工业源排放量的预测。沈阳等城市在工业污染源中曾提出过如下的模型：

$$P=\alpha D^{\beta}$$

式中：P 为工业源的排污量；D 为工业产值（分行业）；α、β 为系数，与行业特点及工厂规模有关，可以用统计回归等方法求出。α、β 即可用于预测。

如果仅有一两年的污染源调查数据，又只知道工业发展的综合目标（工业总产值的增长），则只能采取概略预测的方法：

$$P=TA_0D_t$$

式中：P 为排污量；T 为排污量随时间递减系数，$T=(1+r_D)t$；r_D 为因技术进步等因素引起的万元排污量递减率；A_0 为基准年万元产值排污量；D_t 为预测水平年工业总产值；t 为基准年到预测年的年限。

使用这个方法首先要解决两个问题：一是选定基准年（一般以预测起始年为基准年）；二是求 T，即确定 r_D，一般是用经验判断来确定。比如某城市选定 1980 年为基准年，万元排污量为 A_0，到 2000 年其工业总产值翻两番，而根据该城市的工业现状及 2000 年有可能达到的技术水平，只依靠技术进步其排污量即有可能只翻一番，也就是：

$$2P_{1980}=P_{2000}$$

即

$$2A_0D_{1980}=A_{2000}D_{2000}$$

因为从 1980～2000 年工业总产值翻两倍，所以

$$4D_{1980}=D_{2000}$$

根据以上两式可得

$$\frac{1}{2}A_0=A_{2000}$$

又因为

$$P_{2000}=D_{2000}A_{2000}=A_0(1+r_D)^tD_{2000}$$

即

$$A_{2000}=A_0(1+r_D)^t$$

所以

$$\frac{1}{2}A_0=A_0(1+r_D)^t(t=2000-1980=20)$$

得

$$r_D = -0.034$$

r_D 也可以分段计算，如1980～1990年为一段，1991～2000年为一段，分别计算。生活污染源BOD排放量预测，可根据人口增长来预测。每人每天BOD排放量可以测出，然后乘以一年的天数365，即为每人每年的BOD排放量，再将其乘以预测的人口数即可算出生活污染源BOD排放量。把生活污染BOD预测排放量与工业污染源BOD预测排放量相加即可得到总的BOD排放量，

(3) 水质污染预测。水质的定量预测通常采用水质数学模型法。选择合适的水质数学模型进行水质预测不仅适用于短期预测，也适用于长期预测。

应用水质模型预测水质，通常要根据模型要求，将水域划分成若干段或若干区。一般是将水质水量变化处作为节点划分区段，使区段内的水质参数一致。还要用实测资料推求模型参数，并对模型进行检验。下面，通过实例来了解如何应用水质数学模型预测水质。

【实例一】 五日生化需氧量及溶解氧浓度的计算

一个拟建工厂的废水将排入一条比较清洁的河流。河流的 $BOD_5=2.0$mg/L，溶解氧浓度是8.0mg/L，水温22℃，流量为7.1m^3/s，工业废水的 $BOD_5=800$mg/L，水温31℃，流量为3.5m^3/s，排出前废水经过曝气使溶解氧浓度达到6mg/L。废水与河水可在排污口附近迅速混合，混合后河道中平均水深为0.91m，河宽为15.2m，河流的溶解氧标准为5.0mg/L，各个常数经测定为 k_1(20℃) $=0.23d^{-1}$，k_2(20℃) $=3.0d^{-1}$，$\theta_1=1.05$，$\theta_2=1.02$。

要求计算：工厂排出废水的最高允许 BOD_5；计算河道下游沿程溶解氧浓度。

解 根据本题条件与要求，选择S－P水质模型进行计算（模型内容详见上节）。污水与河水混合后流量

$$Q=7.1+3.5=10.6(\text{m}^3/\text{s})$$

水流速度

$$u_r=\frac{Q}{BH}=\frac{10.6}{0.91\times15.2}=0.76(\text{m/s})$$

起始点水温

$$T=\frac{22\times7.1+31\times3.5}{10.6}=25(℃)$$

起始点溶解氧

$$C(\text{O}_0)=\frac{8\times7.1+6.0\times3.5}{10.6}=7.33(\text{mg/L})$$

常压淡水25℃时的饱和溶解氧浓度可用下式计算：

$$C(\text{O}_9)=\frac{468}{31.6+T}=\frac{468}{31.6+25}=8.27(\text{mg/L})$$

因此，起始点氧亏量

$$D_0=8.27-7.33=0.94(\text{mg/L})$$

在25℃时 $k_1(25℃)=k_1(20℃)\times Q_1^{(25-20)}=0.23\times1.05^{(25-20)}=0.29(\text{d}^{-1})$

$k_2(25℃)=k_2(20℃)\times Q_2^{(25-20)}=3.0\times1.02^{(25-20)}=3.3(\text{d}^{-1})$

最大允许亏氧量为

$$D_{max}=8.27-5.00=3.27$$

(1) 计算工厂排放废水的最高允许 BOD_5。由 S－P 模型知，临界亏氧量即最大亏氧量（本题已算出为 3.27mg/L）的发生时间 t_c（即最大氧亏点）为

$$t_c=\frac{1}{k_2-k_1}ln\left\{\frac{k_3}{k_1}\left[1-\frac{D_0(k_2-k_1)}{L_0k_1}\right]\right\}=\frac{1}{3.3-0.29}\ln\left\{\frac{3.3}{0.29}\left[1-\frac{0.94\times(3.3-0.29)}{0.29L_0}\right]\right\}$$

临界点的亏氧量（本题为 3.27mg/L,）计算式为

$$D_r=\frac{k_1L_0}{k_2}e^{k_th}=\frac{0.29L_0}{3.3}e^{-0.29t}=0.0879L_0e^{0.29t}$$

式中：L_0 为起始点的 BOD 浓度（非 BOD_5）(mg/L)。

利用上面二式采用试算法求解 L_0，即假设一 L_0 值，求出 t_c，再求出 D_c。当 $D_c=D_{max}=3.27$mg/L 时，L 值即为所求。本题求得 $L_0=46.0$mg/L，$t_c=0.729$d，$D_c=3.27$mg/L。

这里的 L_0 为 BOD_0，而要计算的是 BOD_5(20℃)，即在起始点的允许 BOD_5(20℃) 值为

$$BOD_{520t}=L_0(1-e^{-5k_1})=46.0(1-e^{5\times0.23})=31.4mg/L(混合后)$$

工厂排出废水最大允许 BOD_5 为

$$BOD_5=\frac{31.4\times10.6-2.0\times7.1}{3.5}=91.0(mg/L^3)$$

而废水的实际 $BOD_5=800$mg/L。因此，必须经过处理后才能排放，处理率为

$$\frac{800-91.0}{800}=88.6\%$$

(2) 甲河道下游沿程溶解氧浓度的计算。由以上知水温 20℃时 $k_2=3.0d^{-1}$，25℃时 $k_2=3.3d^{-1}$。污水与河水混合后水温为 25℃，下游水温也按 25℃考虑。从起始点到下游沿程各处（按流动时间 t 或流动距离 x 均可，本题按流动时间 t）的溶解氧浓度为各点的饱和溶解氧量与亏氧量之差。25℃各点的饱和溶解氧 $C(O_2)$，那么只要求出各点的亏氧量 D_t 即可。D_t 按下式计算：

$$D_t=\frac{k_1L_0}{K_2-K_1}(e^{k_1t}-e^{-k_2t})+D_0e^{-k_2t}$$

把各项数据带入上式得

$$D_t=\frac{0.29\times46.0}{3.3-0.29}(e^{-0.29t}-e^{-3.3t})+0.9e^{-3.3t}=4.43(e^{-0.29t}-e^{-3.3t})+0.94e^{-3.3t}$$

利用上式列表计算各点 t 处的亏氧量 D_t，计算结果见表 5.11。

最大亏氧量

$$t_c=\frac{1}{3.3-0.29}\ln\left\{\frac{3.3}{0.29}\times\left[1-\frac{0.94\times(3.3-0.29)}{0.29\times46.0}\right]\right\}=0.73(d)$$

表 5.11　　溶解氧计算结果　　[$DO=c(O_3)-D_t=8.38-D_t$]

时间 t(d)	亏氧量 D_t(mg/L)	溶解氧 DO(mg/L)	时间 t(d)	亏氧量 D_t(mg/L)	溶解氧 DO(mg/L)	时间 t(d)	亏氧量 D_t(mg/L)	溶解氧 DO(mg/L)
0.0	0.94	7.33	0.8	3.26	5.01	5.0	1.04	7.23
0.1	1.79	6.48	0.9	3.23	5.04	6.0	0.78	7.49
0.2	2.38	5.89	1.0	3.19	5.08	7.0	0.58	7.69
0.3	2.76	5.51	1.5	2.84	5.43	10.0	0.24	8.03
0.4	3.01	5.26	2.0	2.48	5.79	11.0	0.18	8.09
0.5	3.16	5.11	2.5	2.14	6.13	12.0	0.14	8.13
0.6	3.24	5.03	3.0	1.86	6.41	15.0	0.06	8.21
0.7	3.27	5.00	4.0	1.39	6.88	20.0	0.01	8.26

说明：(1) 以上溶解氧计算是将工业废水处理88.6%后，即排入水体的工业废水$BOD_5=91.0$mg/L的计算结果。如不处理直接排入水体则应按实际排入水体的BOD_5计算L_0，从而求得亏氧量和溶解氧。

(2) 以上为k_2（20℃）$=3.0d^{-1}$的计算。结果，若k_2(20℃）$=2.5d^{-1}$时可同理计算。图5.3是利用计算结果绘制的溶解氧浓度剖面图。

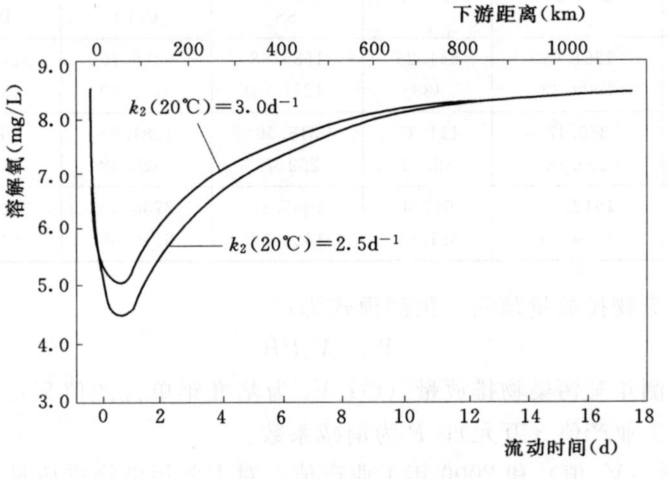

图 5.3　溶解氧浓度剖面图

【实例二】 淇河盘石头水库水质影响预测实例（1992年预测）。

1. 工程概况

盘石头水库是卫河支流淇河中游拟建的一座大型综合利用的水库工程，坝址位于河南省鹤壁市西南约15km的盘石头村附近，下距入卫河口约70km。水库控制流域面积1915km²，占淇河流域面积的89.4%。

盘石头水库总库容6.16亿m³，属大Ⅱ型，工程等级为二等，主要建筑物级别为二级。洪水标准为100年一遇洪水设计，2000年一遇洪水校核。

根据《海河流域补充规划》报告，盘石头水库的开发任务以防洪、工业及生活供水为主，兼顾农田灌溉，结合灌溉及供水进行发电。水库对环境影响评价工作大纲于1992年

11月编制完成，影响报告书于1993年完成。

2. 污染源预测

根据污染源现状，以1986年为基准年预测2000年工业废水及污染物排放情况。

（1）废水量预测。预测模式为：

$$Q_2=DG\left(1-\frac{P_2-P_1}{1-P_1}\right)$$

式中：Q_2 为预测年份废水排放量（万 m^3）；D 为预测年份工业产值（万元）；G 为基准年万元产值工业废水量（万 m^3/万元）；P_2 为基准年工业用水循环率（%）；P_1 为预测年工业用水循环率（%）。

根据调查，库区河段造纸厂现状水循环率为30%，按照鹤壁市淇河流域水资源保护规划，取预测年淇河段造纸厂的工业用水循环利用率分别为1990年40%、2000年60%。

预测时工业产值年递增率1990年前取8%，1991～2000年上业产值递增率取5%；由于有11家造纸厂废水污染物不直接排入水体，通过不同方式就地消耗，根据需要只对直接排入水体的16家工厂污染源进行预测；2000年的废水量预测结果见表5.12。

表5.12 库区各河段2000年废水及污染物排放预测

河段名	生产开工率（%）	年工业总产值（万元）	废水排放量（万 t/年）	污染物排放量（t/年）			
				SS	COD	BOD_5	挥发酚
淇河段	100%	1261.65	541.25	1589.68	6456.75	4415.78	3.202
	80%	1009.32	433	1271.74	5165.40	3532.62	2.562
淅河段	100%	250.47	111.15	315.59	1281.83	876.65	0.636
	80%	200.38	88.92	252.48	1025.48	701.32	0.509
合计	100%	1512.12	652.4	1905.27	7738.58	5292.43	3.838
	80%	1209.70	521.92	1524.22	6190.88	4233.94	3.071

（2）工业污染物排放量预测。预测模式为：

$$W_t=V_bPB$$

式中：W_t 为砚预测年某污染物排放量（t）；V_b 为基准年单位产值某污染物排放量（t/万元）；B 为预测年工业产值（万元）；P 为消减系数。

根据以上参数（V_b 值）和2000年工业产值，对主要污染物排放量进行预测，结果见表5.13。

基准年单位产值某污染物排放量（V_b）又称万元产值污染物排放系数，经分析 V_b 值如表5.13所示。2000年消减系数 P 取0.7。

表5.13 基准年万元产值污染物排放量

污染物	SS	BOD_5	COD	挥发酚
V_b(t/万元)	1.80	5.00	7.311	0.003626

在现状条件下，库区上游污染源对水质已显出有机污染，随着工矿企业的发展，到2000年污染物排放量有所增加，如不采取相应措施，水质将受到一定影响。

目前库区所有造纸厂家对造纸废水大部分进行了过滤、沉淀法处理，采取纸浆回用、水循环利用等方法，已取得了初步成效。今后应继续对老企业进行技术改造，对新建企业坚持“三同时”，在库周围不建污染重的巨矿企业，尽量减少污染物排放，保护水库水质。

（3）水库水质影响预测。水库建成蓄水后，水温预测是分层型的，在汛期可能出现临时混合现象，汛期由于水体交换频繁，水质与原河道水质相近。非汛期蓄水，由于库内流速减小，悬浮物泥沙沉降，水体透明度有所增加。

库区水体有毒有害物质挥发酚、氰化物、砷、汞、六价铬、铅、福等，由现状监测得知，其含量很低，根据库周污染源状况和今后发展预测，水库兴建后上述物质对水库水质没有显著影响。鉴于库周污染源主要排放有机污染物，现以 DO - BOD_5，数学模型预测水质。

3. 模型的建立

盘石头水库水温结构为分层型，4～8 月在垂直方向上存在着明显的温度分层现象，由于密度差异引起各层复氧、耗氧条件差异，水库水质亦呈层状分布。但由于垂向混掺、扩散、转化机制复杂，参数很难确定，为使模型简化、实用，评价单位根据质量平衡原理按完全混合模型推导了 BOD_5 和 DO 模型；模型推求过程中同时考虑了水温分层、溶解氧复氧由浅入深逐渐衰减的过程和有机物的降解等因素。

（1）模型原理方程式：

$$\Delta CV = Q_i C_i \Delta t - Q_p C \Delta t - kCV\Delta t$$

式中：Δt 为时段长；ΔC 为时段中水库某一污染物的浓度变化量（mg/L）；C 为水库水体某一污染物的浓度（mg/L）；C_i 为入库水体某一污染物的浓度（mg/L）；V 为水库蓄水量（m^3）；k 为水库中某一污染物的降解系数（L/d）；Q_i 为入库流量（m^3/s）；Q_p 为出库流量（m^3/s）。

（2）BOD_5 模型。将模型原理方程式用在 BOD_5 上，得 BOD_5 模型基本方程为：

$$\frac{\mathrm{dBOD}}{\mathrm{d}t} = \frac{Q_i \times \mathrm{BOD}_i}{V} - \frac{Q_p \times \mathrm{BOD}}{V} - k_1 \times \mathrm{BOD}$$

若 Q_i、Q_p、BOD_i、V 在时段 Δt 内为常量，则其解析解为：

$$\mathrm{BOD}_t = \frac{1}{A}\left[Q_i \times \mathrm{BOD}_i - (Q_i \times \mathrm{BOD}_i - A \times \mathrm{BOD}_0)\exp\left(\frac{A \times \Delta t}{V}\right)\right]$$

式中：$A = \dfrac{1}{Q_p + k_1 V}$。

BOD_5 基本方程的差分解为：

$$\mathrm{BOD}_t = \frac{Q_i \times \mathrm{BOD}_i - \dfrac{Q_p + k_1 V}{2} \times \mathrm{BOD}_0 + \dfrac{V_0}{\Delta t} \times \mathrm{BOD}_0}{\dfrac{V_t}{\Delta t} + \dfrac{Q_p + k_1 V}{2}}$$

式中：$V = \dfrac{V_0 + V_t}{2}$；BOD_0、BOD_t、BOD_i 分别为时段初、末、入库生化需氧量（mg/L）；V_0、V_t 分别为时段初、末水库蓄水量（m^3）；k_1 为 BOD 在水库中的降解速率（耗氧系数）（L/d）；Q_i 为入库流量（m^3/s）；Q_p 为出库流量（m^3/s）。

（3）DO（溶解氧）模型。将模型原理方程式用在 DO 上，得 DO 模型基本方程式为：

$$\frac{\mathrm{dDO}}{\mathrm{d}t}=\frac{Q_i}{V}\mathrm{DO}_i-\frac{Q_p}{V}\mathrm{DO}-k_1\mathrm{BOD}+k_2\phi(\mathrm{DO}_s-\mathrm{DO})$$

模型中考虑了大气复氧和BOD的耗氧，其解析解为：

$$\mathrm{DO}_t=\frac{B}{C}\left[1-\left(1-\frac{C}{B}\mathrm{DO}_0\right)\exp\left(\frac{C}{V}\Delta t\right)\right]$$

式中：

$$B=Q_i\times\mathrm{DO}_i+k_2\phi V\times\mathrm{DO}_s-k_1V\times\mathrm{BOD};C=Q_p+k_2\phi V$$

其差分解为：

$$\mathrm{DO}_t=\frac{Q_i\times\mathrm{DO}_i-\frac{Q_p}{2}\times\mathrm{DO}_0+\frac{k_2\phi V}{2}\times(\mathrm{DO}_s-\mathrm{DO}_0)-\frac{k_1V}{2}\times\mathrm{BOD}+\frac{V_0}{\Delta t}\times\mathrm{DO}_0}{\frac{V_t}{\Delta t}+Q_p+\frac{k_2\phi V}{2}}$$

式中：DO为水库内溶解氧浓度（mg/L）；DO_0、DO_t、DO_i 分别为时段初、末、入库溶解氧浓度（mg/L）；k_2 为大气复氧系数（L/d）；ϕ 为复氧筛减分数；Q_i 为入库流量（$\mathrm{m^3/s}$）；Q_p 为出库流量（$\mathrm{m^3/s}$）；DO_s 为饱和溶解氧（mg/L），$\mathrm{DO}_s=\frac{468}{31.6+T}$；$T$ 为水温（℃）；其他符号意义同前。

（4）模型参数选择。耗氧系数 k_1。一般由类比水库或室内试验取得。因当时国内尚缺乏水库生化需氧量降解的观测资料，本模型依据室内试验确定。水温20℃时 $k_{1(20℃)}=0.02$，考虑水水温对耗氧系数的影响，即算式为：

$$k_{1(\mathrm{T})}=k_{1(20℃)}\times1.047^{(T-20)}$$

式中：T 为水库水温。

大气复氧系数 k_2。k_2 主要取决于水库中溶解氧的亏损和水流紊动强弱。对于流速缓慢的湖库，自净系数 f 在1.0～1.5之间；本水库厂取2.0，$k_{2(20℃)}=fk_{1(20℃)}=0.04$。

考虑温度修正，计算式为：

$$k_2=k_{2(20℃)}\times1.25^{(T-20)}$$

复氧衰减系数 ϕ。复氧衰减系数是反映水库不同深度溶解氧相对大小的一个参数。其影响因素极为复杂，但主要与 k_2 有关，ϕ 值从库表至库底，因与空气接触情况不同而逐渐衰减。水库混合层（库表以下10～15m），水体混掺强烈，复氧条件与天然河流类似；深层水体由于受温跃层“屏蔽作用”的影响，水体交换迟缓，复氧条件较差，据此复氧衰减系数 ϕ 取值为：表层 $\phi=1.0$；中层 $\phi=0.5$；底层 $\phi=0.1$。

4. 计算结果分析

以1991年9月至1992年8月（建库前）鹤壁市水厂取水口处（盘石头坝址以上S5km）的实测 $\mathrm{BOD_5}$ 和DO资料为模型的输入，通过模型计算预测建库后的 $\mathrm{BOD_5}$ 和DO值，预测结果见表5.14。

建库前 $\mathrm{BOD_5}$ 浓度为1.4～3.6mg/L，DO浓度为5.0～10.2mg/L。枯水期 $\mathrm{BOD_5}$ 属于Ⅲ类水质。建库后水库蓄水量大，水体停滞时间长，对 $\mathrm{BOD_5}$ 具有显著的稀释降解作用。模型预测结果表明 $\mathrm{BOD_5}$ 浓度为0.2～1.5mg/L，符合Ⅰ类水质标准。

水库水温分层对水质影响最大的就是溶解氧。由于温度形成的密度屏障，有效地阻挡了下层水体与上层水体和大气之间的交换，加上光合作用微弱，下层DO含量始终较低。

库水上层通过风力混掺和光合作用始终保持较高的溶解氧水平，与温度分布相类似，DO在垂直方向上同样存在着跃变现象；从表5.14～表5.16看出盘石头水库预测水质：

平水年（P=50%），BOD_5为0.2～0.6mg/L；DO上层7.4～9.4mg/L，中层6.4～7.7mg/L，下层1.3～4.0mg/L。

丰水年（P=15%），BOD_5为0.2～1.5mg/L，符合Ⅰ类水质标准，由于入库流量大，垂向混掺强烈，水温分层减弱DO垂向分布趋于均一，上下层DO差值为0.5～4.0mg/L。

枯水年（P=85%），BOD_5为0.1～0.6mg/L；DO上层6.6～8.5mg/L，中层4.6～7.3mg/L，下层1.1～2.8mg/L。

表5.14 盘石头水库BOD_5、DO预测成果（平水年P=50%） 单位：mg/L

年—月	入库	预测BOD_5			入库	预测DO		
	BOD_5	上	中	下	DO	上	中	下
1991—08	0.7				7.7			
1991—09	2.1	0.4	0.5	0.6	7.2	8.0	6.7	1.3
1991—10	3.4	0.4	0.4	0.5	6.6	8.8	7.4	2.0
1991—11	3.5	0.4	0.4	0.5	8.4	8.8	7.5	2.3
1991—12	3.6	0.4	0.4	0.4	10.2	8.0	6.9	2.2
1992—01	3.3	0.6	0.6	0.6	9.9	8.6	7.5	3.0
1992—02	3.0	0.6	0.6	0.6	9.6	8.3	7.3	3.3
1992—03	3.1	0.6	0.6	0.6	9.3	7.7	6.8	3.4
1992—04	3.2	0.5	0.6	0.6	9.0	9.4	7.0	3.7
1992—05	2.8	0.4	0.5	0.5	8.7	8.6	6.5	3.7
1992—06	2.4	0.3	0.5	0.5	8.4	8.4	6.4	3.7
1992—07	1.9	0.3	0.5	0.5	6.7	7.8	7.7	4.0
1992—08	1.4	0.2	0.5	0.4	5.0	7.4	7.7	3.7

表5.15 盘石头水库BOD_5、DO预测成果（丰水年P=15%） 单位：mg/L

年—月	入库	预测BOD_5			入库	预测DO		
	BOD_5	上	中	下	DO	上	中	下
1991—08	0.7				7.7			
1991—09	2.1	1.1	1.1	1.2	7.2	9.9	10.4	9.2
1991—10	3.4	1.3	1.4	1.4	6.6	9.0	8.9	8.0
1991—11	3.5	1.3	1.3	1.3	8.4	8.5	8.4	7.7
1991—12	3.6	1.2	1.2	1.2	10.2	8.2	8.2	7.5
1992—01	3.3	1.1	1.1	1.1	9.9	8.2	8.2	7.5
1992—02	3.0	0.8	0.8	0.8	9.6	7.1	7.0	6.5
1992—03	3.1	0.5	0.5	0.5	9.3	5.7	5.7	5.2
1992—04	3.2	0.4	0.4	0.4	9.0	8.3	5.4	5.0
1992—05	2.8	0.2	0.3	0.3	8.7	7.6	5.4	4.0
1992—06	2.4	0.2	0.3	0.3	8.4	7.1	5.7	3.5
1992—07	1.9	0.3	0.3	0.4	6.7	8.2	7.3	4.2
1992—08	1.4	1.3	1.4	1.5	5.0	11.6	12.1	10.0

表5.16　**盘石头水库 BOD_5、DO 预测成果（枯水年 $P=85\%$）**　单位：mg/L

年—月	入库	预测 BOD_5			入库	预测 DO		
	BOD_5	上	中	下	DO	上	中	下
1991—08	0.7				7.7			
1991—09	2.1	0.3	0.4	0.6	7.2	7.9	6.5	1.1
1991—10	3.4	0.3	0.3	0.4	6.6	8.5	7.1	1.6
1991—11	3.5	0.3	0.3	0.4	8.4	8.4	7.0	1.8
1991—12	3.6	0.3	0.3	0.3	10.2	8.2	6.9	1.8
1992—01	3.3	0.3	0.3	0.3	9.9	8.2	6.9	2.0
1992—02	3.0	0.3	0.3	0.3	9.6	7.4	6.3	2.0
1992—03	3.1	0.3	0.3	0.3	9.3	6.6	5.6	2.1
1992—04	3.2	0.3	0.4	0.3	9.0	8.4	5.2	2.1
1992—05	2.8	0.3	0.3	0.3	8.7	8.0	4.6	2.2
1992—06	2.4	0.2	0.3	0.4	8.4	8.2	4.7	2.4
1992—07	1.9	0.2	0.3	0.4	6.7	8.0	7.0	2.8
1992—08	1.4	0.1	0.2	0.3	5.0	7.6	7.3	2.6

思　考　题

1. 简述水质评价的基本步骤和作用。
2. 水质预测的步骤是什么？
3. 水质预测的目的是什么？
4. 水质评价的方法有哪些？

学习项目6 水质监测报告

学习目标：水环境监测报告是水环境监测成果的主要表达方式，是整个监测工作的最终产品，其质量优劣与否、完成及时与否，都直接影响着水环境监测工作效益的发挥。监测部门应十分重视报告管理，充分发挥监测工作的作用。本项目结合实例详细介绍了水质监测报告的编写方法。

1. 掌握水质监测报告的内容。
2. 掌握水质监测报告的编写原则和步骤。
3. 了解不同水质监测报告之间的区别。
4. 能够编写简单的水质监测报告。

学习情境6.1 水环境监测报告的编写原则和内容

按照监测报告表达的深度，可分为实测结果数据型和评价结果文字型两大类；按照选择表达形式，可分为书面型和音像型两大类；根据监测报告表达的广度，可分为项目监测报告、水质监测快报、水质监测月报告、水质监测季报告、水质监测年报告和水质监测报告书等类型。

6.1.1 水环境监测报告编写原则

各类环境监测报告都是环境管理决策的重要依据，其编写应遵循如下原则。

1. 准确性原则

各类监测报告首先是要给人们提供一个确切的环境质量信息，否则监测工作就毫无意义，甚至造成严重后果。同时，各类监测报告必须实事求是，准确可靠，数据翔实，观点明确。

2. 及时性原则

环境监测是通过它的成果（各类监测报告）为环境决策和环境管理服务，这种服务必须及时有效，否则就可能贻误战机，使监测工作失去生命力。因此，必须建立和实行切实可行的报告制度，运用先进的技术手段（如计算机），建立专门的综合分析机构，选用得力的技术人员，切实保证报告的时效性。

3. 科学性原则

监测报告的编制绝不仅仅是简单的数据资料汇总，必须运用科学的理论、方法和手段提示阐释监测结果及环境质量变化规律，为环境管理提供科学依据。

4. 可比性原则

监测报告的表述应统一、规范，内容、格式等应遵守统一的技术规定，评价标准、指标范围和精度应相对统一稳定，结论应有时间的连续性，成果的表达形式应具有时间、空间的可比性，便于汇总和对比分析。

5. 社会性原则

监测报告尤其是监测结果的表达，要使读者易于理解，容易被社会各界很快接受和利用，使其在各个领域中尽快发挥作用。

6.1.2 项目监测报告的内容

监测机构按照任何一种测试方法进行的每一项或一系列测试的结果，都应给出准确、清晰、明确和客观的报告，这种报告就是项目监测报告。项目监测报告应包括测试结果、所用方法及有关说明等全部信息。

项目监测报告是监测机构运用最多的报告形式，是编制其他报告的基础。每份项目监测报告至少应包括以下信息：

（1）报告名称，如“水质污染项目监测报告”或“水质质量项目监测报告”等。

（2）监测机构的名称和地址。

（3）报告的惟一标识（如序譬）和每页编号及总页数。

（4）样品的描述和明确的标识。

（5）样品的特性、状态及处置。

（6）样品接收日期和进行监测分析的日期。

（7）所使用测试方法的说明。

（8）有关的取样程序说明。

（9）与测试方法的偏离、补充或例外情况及与测试有关的其他情况（如环境条件）说明。

（10）测试、检查和导出结果以及结果中不合格标识。

（11）对测试结果的不确定度的说明。

（12）监测结论。

（13）对报告的内容负责的人员的职务、签字和签发日期。

（14）对测试结果代表范围及程度的声明。

（15）报告未经监测机构批准不得复制的声明。

1. 水质监测快报

水质监测快报是指采用文字型、一事一报的方式，报告重大水污染事故、突发性水污染事故和对环境质量造成重大影响的应急监测情况，以及在监测过程中发现的异常情况及其原因分析和对策建议。

污染事故监测快报应在事故发生后24h内报出第一期，并应在事故影响期间内按照环保主管部门确定的日期连续编制各期快报。

水质监测快报应在每次监测任务完成后5d内报到环保主管部门。

水质监测快报应包括以下信息：

（1）报告名称，如“水污染事故监测快报”。

（2）监测机构名称和地址。

（3）报告的惟一标识（如编号）及页号和总页数。

（4）监测地点及时间。

（5）事件的时间、地点及简要过程和分析。

（6）污染因子或环境因素监测结果。

（7）对短期内环境质量态势的预测分析。

（8）事件原因的简要分析。

（9）结论与建议。

（10）对报告内容负责人员的职务和签名。

（11）报告的签发日期。

2. 环境监测月报告

环境监测月报告是一种简单、快速报告水环境质量状况及水环境污染问题的数据型报告。环境监测机构应在每月五日前将上月监测情况报到同级环保主管部门和上级监测站。

环境监测月报告应包括以下信息。

（1）报告名称，如“水环境质量监测月报告”、“水环境污染监测月报告”。

（2）报告编制单位名称和地址。

（3）报告的唯一标识（如序号）、页码和总页数。

（4）被监测水体名称、地点。

（5）监测项目的监测时间及结果。

（6）监测简要分析，包括：

1）与前月份对比分析结果。

2）当月主要问题及原因分析。

3）变化趋势预测。

4）管理控制对策建议等。

（7）对报告内容负责的人员职务和签名。

（8）报告签发日期。

3. 环境监测季报告

水环境监测季报告是一种在时间和内容上介于月报和年报之间的简要报告环境质量状况或环境污染问题的数据型报告。环境监测机构应在每季度第一个月的十五日前，将其一季度环境监测情况报到同级环保主管部门和上级监测站。

水环境监测季报告应包括以下信息：

（1）报告名称，如“水环境质量监测季报告”或“水环境污染监测季报告”。

（2）报告编制单位名称、地址。

（3）报告的惟一标识（如序号）、页码和总页数。

（4）各监测点情况。

（5）监测技术规范执行情况。

（6）监测数据情况。

（7）被监测水体名称、地址。

（8）各环境要素和污染因子的监测频率、时间及结果。

（9）单要素环境质量评价及结果。

（10）本季度主要问题及原因简要分析。

（11）水环境质量变化趋势估计。

（12）改善水环境管理工作的建议。

（13）水环境污染治理工作效果、监测结果及综合整治考验结果。

（14）对报告内容负责的人员职务和签名。

（15）报告的签发日期。

4. 水环境监测年报告

环境监测年报告是环境监测重要的基础技术资料，是环境监测机构重要的监测成果之一，从总体上讲，也是一种数据型报告。

国家环保总局规定，从1997年1月1日起，国家环境质量监测网成员单位，正式以微机网络有线传输方式，逐级上报环境质量监测年报告。环境监测年报应在每年的1月20日前将本单位上年度环境监测年报告报到省级中心站。

环境监测年报告应包括以下信息。

（1）报告名称，如“水环境质量监测年报告”，“水环境污染监测年报告”等。

（2）报告年度。

（3）报告惟一标识、页码和总页数。

（4）环境监测工作概况，主要包括：

1）基本情况。监测点人员构成统计表，监测机构及组织情况表，监测站仪器、设备统计表等。

2）监测网点情况水、气、噪声等各环境要素质量监测网点情况表，污染源监测网点情况表等。

3）监测项目、频率和方法、水环境要素监测项目频率和方法统计表。

4）评价标准执行情况、水质等各环境要素质量评价标准执行情况表，污染源评价标准执行情况表等。

5）数据处理以及实验室质量控制活动情况等。

（5）监测结果统计图表。

（6）环境监测相关情况，主要包括：

1）环境条件情况环境气象条件统计表，环境水文情况统计表，其他环境条件统计表。

2）社会经济情况监测区域面积、人口密度统计表及其他社会环境情况统。

3）年度水环境监测大事记重大水环境保护活动记事，重大水环境监测活动记事，重大水污染事故统计表等。

（7）当年环境质量或环境污染情况分析评价：

1）水质质量评价及趋势分析。

2）水质污染评价及趋势分析。

3）各环境要素和主要污染因子存在的主要问题及原因分析。

4）与上年度对比分析结果。

5）水污染治理效果总结。

6）强化环境管理及监督监测的对策建议等。

（8）对报告内容负责的人员职务和签名。

（9）报告的签发日期。

5．水环境监测报告书

环境监测报告书属文字型报告。按照内容和管理的需要，分年度报告书和五年报告书两种；按其形式，分为公众版、简本和详本三种。五年报告书只编有详本一种形式。

环境监测报告书一般由地方政府环保主管部门组织所属监测站按时完成。由于报告书涉及面较广、工作量较大，单个监测站编写困难较大，故本书不作详细介绍。具体内容、编写原则和方法等请参见国家有关编写大纲和编写技术规范。

学习情景6.2 监 测 报 告 实 例

6.2.1 环境项目监测报告

环境项目监测报告可分为环境污染项目监测报告和环境质量项目监测报告两大类，其基本格式见表6.1。

表6.1 **环 境 项 目 监 测 报 告**

本报告共4页第1页

××××环境监测中心站 密级：

环境项目监测报告

编　　号：
报告日期：

编制者：20××年　　月　　日
审核者：20××年　　月　　日
批准者：20××年　　月　　日

20××环境监测中心站（印）

单位名称		项目名称①		类　型②	
采样地点		采样方式		样品数量	
接样时间		处置情况		监测时间	
取样程序				采样记录号	
样品特征				送样人	
样品后处置				收样人	

监 测 分 析 结 果

样品编号	监测因子名　称	测试方法编　号	监测值及不确定度	标准值	结　论	测试记录编　号	测试者

监　测　分　析　结　果							
样品编号	监测因子名　称	测试方法编　号	监测值及不确定度	标准值	结　论	测试记录编　号	测试者

<table>
<tr><td rowspan="5">监测项目情况</td><td>工　况</td><td></td></tr>
<tr><td>气象参数</td><td></td></tr>
<tr><td>水文参数</td><td></td></tr>
<tr><td>其他参数</td><td></td></tr>
<tr><td>备　注</td><td></td></tr>
<tr><td rowspan="4">监测分析情况</td><td>实验条件</td><td></td></tr>
<tr><td>仪器条件</td><td></td></tr>
<tr><td>其他条件</td><td></td></tr>
<tr><td>备　注</td><td></td></tr>
<tr><td>监测结论及建议</td><td colspan="2"></td></tr>
<tr><td>特别声明</td><td colspan="2">1. 测试结果代表范围及程序。
2. 本报告未经本站书面批准，不得全部或部分复制。

通信地址：　　　　邮编：　　　　联系电话：

联系人：</td></tr>
</table>

① 项目名称可填写污染源名称或环境质量监测对象名称。

② 类型是指水、气、固等具体要素类型，如工业废水、医疗废水等。

6.2.2 环境监测快报

环境监测快报的参考格式见表6.2。

表 6.2　　环境监测快报

快报类型：　　　　　　　　　　　　　　　　　　　　　　　　第　　页共　　页

填报单位：　　　　　　　　　　　　　　　　　　　　　　　　第　　期

填报时间：年　月　日

编报事由	
监测结果	
分析结论	

填报者：　　　　　　　审核者：　　　　　　　负责人：

6.2.3 环境监测月、季、年报

环境监测月、季、年报，由一系列监测基础表和汇总表构成，并可视情况附上简要文字说明。其汇总表可根据上级要求和管理需要设计制定。表6.3、表6.4是环境污染监测单位基础表的参考格式（废气、固体废物、噪声、辐射监测情况略），供参考。

6.2.4 水环境监测报告书

环境污染源监测报告书的编写内容及格式要求，可参考以下要求。

1. 环境监测报告书的内容

（1）概况。

（2）环境监测工作开展情况。

（3）污染源监测情况综述，其中应包括以下图表：

1）污染源及环境监测情况汇总表。

2）污染源单位分布统计图。

3）污染源监测数据单位分布统计图。

4）污染源综合等标污染负荷单位类别分布图。

5）污染源分布地域图。

6）重点地区污染源分布情况图。

7）污染源综合等标污染负荷重点单位排序表。

此外，还应说明本年度监测情况与上年度相比的变化以及本年度监测污染源的覆盖面占本单位所有污染源的比例等。

表6.3 环境污染监测单位基本情况

<table>
<tr><td>单位代码</td><td></td><td>环保机构名称</td><td></td><td colspan="2">耗煤量（t）</td><td></td></tr>
<tr><td>单位名称</td><td></td><td>主管部门</td><td></td><td colspan="2">其中：燃料煤（t）</td><td></td></tr>
<tr><td>单位类别</td><td></td><td>供水方式</td><td></td><td colspan="2">原料煤（t）</td><td></td></tr>
<tr><td>单位地址</td><td></td><td>燃煤产地</td><td></td><td colspan="2">耗油量（t）</td><td></td></tr>
<tr><td>邮政编码</td><td></td><td>煤含硫量（%）</td><td></td><td rowspan="3">评选先进情况</td><td>全国（年度）</td><td></td></tr>
<tr><td>规　　模</td><td></td><td>基地面积（m²）</td><td></td><td>全军（年度）</td><td></td></tr>
<tr><td colspan="2">地　域　性　质</td><td>绿化面积（m²）</td><td></td><td>省市（年度）</td><td></td></tr>
<tr><td colspan="2">□长江□太湖□二氧化硫控制区</td><td>交排污费（元）</td><td></td><td colspan="3">备　　注</td></tr>
<tr><td colspan="2">□黄河□巢湖□酸雨控制区</td><td>污染罚款（元）</td><td></td><td colspan="3" rowspan="10"></td></tr>
<tr><td colspan="2">□淮河□滇池□浡海湾地区</td><td>污染赔款（元）</td><td></td></tr>
<tr><td colspan="2">□海河　　□北京市</td><td>耗电量（kW）</td><td></td></tr>
<tr><td colspan="2">□辽河　　□一般地区</td><td>耗水量（t）</td><td></td></tr>
<tr><td>功能类别</td><td></td><td>其中：生活用水（t）</td><td></td></tr>
<tr><td>建厂时间</td><td></td><td>生产用水（t）</td><td></td></tr>
<tr><td>经济类型</td><td></td><td>新鲜用水（t）</td><td></td></tr>
<tr><td>主要产品</td><td></td><td>重复用水（t）</td><td></td></tr>
<tr><td>人员总数</td><td></td><td>耗气量（m³）</td><td></td></tr>
<tr><td>填报单位</td><td></td><td>填报时间</td><td></td><td>填报人</td><td>负责人</td><td></td></tr>
</table>

表 6.4 **废 水 监 测 情 况**

废水类型		排污单位名称					季/年度		
污 染 源 名 称			监测点位名称	监测频次	污染因子名称	最低允许浓度	最高允许浓度	平均监测浓度	总控指标
污染源性质									
介质排放方式									
介质排放去向									
介质季/年排放量（t）									
治理设施名称									
治理设施设备价值（元）									
治理设施应运行时间（h/d）									
治理设施实际运行时间（h/d）									
标志污染物名称									
标志污染物进口浓度（mg/L）									
标志污染物出口浓度（mg/L）									
季/年处理量（t）									
处理达标量（t）									
季/年度治理设施运行费用（元）									
治理情况									
治理年度									
投资情况（万元）									
其中：总部投资									
自筹									
监测单位		监测时间		填报人		审核		负责人	

（4）废水监测情况，除文字说明外还应包括以下图表：

1）废水监测情况汇总表。

2）废水监测情况分类汇总表。

3）废水监测数据单位分布统计图。

4）废水监测数据达标率单位分布统计图。

5）废水监测等标污染负荷废水类型分布统计图。

6）废水监测等标污染负荷单位类型分布统计图。

7）废水监测排放量单位统计比较图。

8）废水监测主要污染物排放量单位类型分布统计图。

9）废水监测主要污染物排放量单位统计比较图。

10）废水监测等标污染负荷重点排放单位排序表。

11）废水监测主要污染物重点排放单位排序表。

12）废水治理设施配置及运转率单位类别分布统计图。

13）废水治理设施配置及运转率废气类别分布统计图。

14）废水受控污染物去除量分布统计图。

（5）其他污染源及环境质量监测情况要求同废气监测情况。

（6）综合结论及建议。在此部分，应根据环境监测工作开展情况及监测结果对本单位一年来的污染环境状况和监测工作开展情况作出总结，根据所得结论向环保决策部门提出环境保护措施建议。

2. 环境监测报告书的格式

（1）必须在报告书封面或首页加盖编报单位公章。

（2）必须写明编报人员姓名、审核人员姓名和编报单位负责人姓名。

（3）正文内不便表现的数据、图、表，应作为附件附在正文后。

思　考　题

1. 环境监测报告有哪几种？
2. 环境监测报告书有哪些主要类型？
3. 环境监测年报包括哪些基本内容？
4. 环境监测报告的编写有何原则？
5. 为什么说环境监测报告应具有及时性？
6. 环境监测报告书包括哪些主要内容？
7. 环境监测报告书的格式有何要求？

学习项目7　综合实践——自来水厂出厂水、管道水、末梢水水质监测

学习目标：在本项目中，我们将以某自来水厂的出厂水、管道水、末梢水为研究对象，重点学习在自来水厂的运行过程中水质的监测工作，同时回顾前面介绍的水质监测的知识。通过学习，了解水质检测的过程、仪器操作以及水质分析的方法、数据处理的方法，最终形成结论。

1. 复习水质监测指标的监测方法。
2. 掌握自来水厂水质监测的内容。
3. 掌握自来水厂常用水质分析仪器的使用和水质分析的方法。

【预备知识点】

1. 出厂水水质标准

为保证供水安全，水源水经净水厂处理后出厂水需要对主要指标每日检验一次，对一些指标一个月检验一次，对106项指标每半年或一年要作一次全分析。

根据《城市供水水质标准》（CJ/T 206—2005）自来水公司对以下项目每日检验一次：浑浊度、色度、臭和味、肉眼可见物、余氯、菌落总数、总大肠菌群、耐热大肠菌群、耗氧量。

每月不少于一次的检验项目有附录7表Ⅶ1全部、表Ⅶ2部分有害物质。

如果以地表水为水源，出厂水指标（附录7表Ⅶ1和表Ⅶ2）需半年全部检测一次，若以地下水为水源，需一年检测一次。

2. 管网水水质标准

根据《城市供水水质标准》（CJ/T 206—2005）对管网水浑浊度、色度、臭和味、余氯、菌落总数、总大肠菌群、耗氧量检测每月不少于两次。

管网中应该维持足够的消毒剂残留量，尽量减少溶解性有机物，特别是容易生物降解的有机碳，它可为微生物提供营养物质。同时应防止管道材料腐蚀和预防形成沉积物，除去铁和锰，尽量减少混凝剂残留物，生产低浊度的水。因此，压力测量、消毒剂残留物、消毒副产物、ORP、微生物、浑浊度、色度、铁、锰、臭和味、pH值、锌、铅、铜、镍等是管道配水系统有用的监测指标。

监测余氯可快速指示原来由直接测量微生物参数所反映的问题，在原本余氯稳定的水中，如果余氯突然消失，可能指示有污染物侵入。当发现输水系统中某处很难保持余氯，或者余氯逐渐消失，可以指示水或管道已经因细菌生长而致氧化剂的需求增加。ORP测定也可用于对消毒效力的运行监测，可以界定一个最小ORP水平确保有效消毒。

进入输配水系统的水必须在微生物方面是安全的。饮用水进入输配水系统可能含有非寄生的阿米巴原虫、各种异养菌以及真菌。异氧菌在供水中存在可能是一个有用的变化指标，如增加微生物生长的可能，增加了生物膜活性，延长了滞留时间，或者系统的完整性

已被破坏。在适宜条件下，阿米巴和异养菌，包括柠檬酸杆菌、肠杆菌和克雷伯杆菌，可能在输配水系统中生长并形成生物膜。异养菌在供水中存在的数量可能反映处理系统中有很大的接触表面，通常通过测定水样中异养菌平皿计数（HPC）的增加来反映饮用水经处理后又出现微生物的生长（再生）的情况，HPC增加多见于内部停滞不流动的管道输配水系统、家用管件、瓶装水以及一些管道装置，如水软化器、碳过滤器等。现在还不能证明在生物膜上的大多数微生物会通过饮用水对一般人群的健康产生不良作用，但也可能对严重免疫系统受损的人来说是例外。所以保持整个输配水系统中有消毒剂残留，可以防止污染。已证明加入氯胺能有效控制长距离管线的沉积物中和水中的阿米巴原虫，并可能减少建筑物内军团菌生长。但输配水系统中残留消毒剂时，应该考虑如何使产生的消毒副产物减至最低，所以管网系统检测余氯等消毒剂残余量及消毒副产物。

进入输配水系统水的pH值必须加以控制，使其对主管道和室内水管的腐蚀性最小，碱度和钙处理可以使水的稳定性提高以控制水对管道和设备的侵蚀。如果不能将腐蚀作用降至最低，就会使饮用水受到污染，并对水的味道和外观有不良影响。不同的供水系统由于水的成分和用于配水系统的材料性质不同，所以需要优化pH值，通常的pH值范围是6.5～8。异常高或低的pH值可能足由于意外的泄漏、水处理故障以及管道的水泥砂浆内衬养护不够，或当水的碱度很低时应用了水泥砂浆内衬。

一般在富含锰、铁地层构造地带，地下水水源难免出现不同程度的锰、铁超标现象，由于受消毒液的强氧化作用，管网内锰、铁不断形成氧化锰和氢氧化铁的絮状沉淀物附在管壁上。当管道水流状态发生一定程度的改变和变动时，这些发黄、发黑的沉淀物就会从管壁上脱落并随水流进入用户的管道，放出来发黄变黑的浑水。而减少消毒液导致细菌和大肠菌群超标，使饮用水有明显的金属味，长期饮用高铁水还可能导致铁中毒，肝、脾大量铁沉着，肝硬化，骨质疏松、软骨钙化，皮肤呈棕黑色或灰暗色，胰岛毒分泌减少，引发糖尿病，对青少年生殖期的正常发育也有阻碍作用，含量过高的铁在管道中沉积及好氧微生物作用会引起水质呈黄色和浑浊。锰在水中超标严重时，水呈黄褐色，锰的氧化物沉积在水管壁上，遇水压波动产生黑水现象，过量的锰使衣服和白瓷器设备着色，蓄积到人体的脑、肝、肾等器官组织，严重时可导致锰中毒，早期表现为疲倦乏力、肌肉疼痛等症状，晚期症状表现为肢体震颤、书写困难等神经损害症状。

若管网主要采用铸铁管和钢管，管龄较长，出厂水具有腐蚀性和有机物，极有可能造成管网水的铁、锰、色度、浊度增高，细菌、大肠杆菌超标。

镀锌钢管、管网阀门等对水质的感官指标影响严重，有时需将管内存水放掉才能使水质符合标准。

一般情况下，供水干线末端压力不宜低于0.12MPa。经济发达、规模较大的社区，供水干线水压宜为0.28MPa。

供水管网每10km应设置一个测压点，不足10km^{2}的最少应设置两个测压点，出厂水应设计量装置，管道上分设的各类阀门应定期检查、启闭与维护，并认真做好记录。应定期、分片对管线进行巡视、维护，并有工作日志。

目前国内的城市供水管网水质在线监测技术刚刚起步，在管网监测点的布点、指标参数的选择、水质仪器选型、数据传输等技术问题上还在摸索阶段，城市供水管网在线监测的技术难点在于如何调节管网压力波动、维持进样流量稳定、获得真实可靠的水质数据，并实时、稳定和安全地传输。

目前应用于管网在线监测的仪器主要有 1720E 或 1720D 在线浊度仪、CL17 在线余氯/总氯监测仪、GLI 在线 pH/ORP 分析、GLI 在线电导率分析仪、TOC 分析仪以及自动采样器样品入口。

3. 管网末梢水水质标准

根据《城市供水水质标准》(CJ/RT 206—2005)末梢水检验项目，每月不少于一次。

小型、方便、有效的楼宇或用户终端家用过滤和消毒设备，将过滤、去除和微生物灭活两种技术路线和设备融合，并在现有供水条件下，继续推荐煮沸后饮用，尽量降低致病微生物通过生活过程侵害人体的风险，目前用户终端水处理设备上都存在较大的差距。

学习情境 7.1 物理感官指标的监测

感官性状指标和一般化学指标包括色度、臭和味、浑浊度、肉眼可见物、氯化物、总硬度、pH 值、硫酸盐、溶解性总固体、挥发酚、阴离子合成洗涤剂、耗氧量、铁、锰、铝、铜、锌。除后三项外，其他指标同水源水检验。

饮用水的外观、臭和味应为消费者所接受，否则会引起大多数消费者的反感，并由此而产生对供水水质的担心。在评价饮用水水质时，消费者要依靠个人的感觉，基于这些标准来评价水质。虽然水的某些性状对健康或许没有直接影响，但消费者会把高度浑浊、有可见生物、有颜色、有异味和气味的水视为不安全，并加以拒绝，所以在水的感官性状(如外观、臭和味)不可接受时，应进一步调查研究，以便了解是否有可能危及健康。余氯与氯化消毒处理后的水含有氯胺、氯酚等消毒副产物，使饮用水产生令人厌恶的味和臭，味和臭也可能因水的贮存和配送过程中的微生物活动或腐蚀现象而产生，因此应当对味和臭产生的原因进行调查并咨询有关卫生行政部门，特别是味和臭发生重大改变时更应如此。净化水絮凝剂使用铝盐时，铝含量超过 0.1～0.2mg/L 在输配水系统中会形成氢氧化铝絮状沉积物，水管中铁细菌氧化的碎屑重新悬浮起来，以及各种管道大量繁殖的着生生物膜脱落，影响水的外观。

感官性状指标和一般化学指标可参照水源水的检验方案进行设计和实施，对照生活饮用水或城镇供水水质标准，判断所检验的饮用水是否合格。

1. 任务描述

一束平行光在透明液体中传播，如果液体中无任何悬浮颗粒存在，光束在直线传播时不会改变方向；若有悬浮颗粒，光束在遇到颗粒时会改变方向(不管颗粒透明与否)，形成所谓散射光，颗粒愈多(浊度愈高)，光的散射就愈严重。利用浊度计测定浊度时，浊度计发出光线，使之穿过一段水样，并从与入射光呈 90°的力向上检测有多少光被水中的颗粒物所散射，这种测定散射光强度的方法称作散射法，适用于低浊度水的测量；若同时测定散射光和透射光，浊度用散射光与透射光(或散射光一透射光)的比值表示，这种力法称作透过散射测定法，适用于高浊度水的测量，具有较高的灵敏度和重现性。

目前主要通过相同条件下福尔马肼标准混悬液散射光强度和水样散射光强度的比较来测定浊度。

一般仪器显示的浊度是散射浊度单位NTU（nephelometric turbidity unites），浑浊度小于5NTU的水外观通常可为消费者所接受，但也随各地环境条件而不一样。

2. 任务内容

（1）仪器准备和操作。2100P便携式浊度仪见图7.1，双检测器光学系统可补偿样品颜色、光波动及杂散光的影响，配有样品过滤和脱气装置，采用钨灯光源，其袖珍式浊度仪采用LED红外光（880nm波长），光源能避开色度的干扰。直接读取NY-TU值，检测范围为0～1000。

图7.1　2100P便携式浊度仪

（2）实验用水和溶液配制。实验用水同目视比浊法，仪器自备浊度标准液如目视法的标准液配制。

（3）检验与结果。按仪器使用说明书，用标准福尔马肼标准混悬液进行校正，直接显示浊度结果。测量浊度时，避免将气泡抽进取样管而影响浊度仪的测量准确度。

学习情境7.2　微生物学指标的监测

饮用水被人、动物粪便污染或经供水管道后，对健康最大的危险是水中的微生物，微生物的实际风险比有毒有害物质高得多，由致病性细菌、病毒、原虫、寄生虫或其他生物来源引起的传染病，是与饮用水有关的对健康最常见、最普遍的威胁，因此供水安全的破坏会引起大规模污染，并可能导致疾病暴发和流行。经水传播疾病的微生物可引起许多疾病，所致疾病从轻度胃肠炎到致命的腹泻、痢疾、肝炎、伤寒、霍乱和隐孢子虫病等。大多数水源性疾病病原微生物通过人或动物的粪便进入饮用水供应系统，它们不能在水中生长，被摄入后可引起胃肠道感染。

菌落总数、总大肠菌群、耐热大肠菌群、大肠埃希菌等检验实施同水源水。城镇供水要求菌落总数不得超过100CFU/mL，总大肠菌群、耐热火肠菌群和大肠埃希菌不得检出。

在实际应用中，自来水厂主要检测菌落总数和大肠杆菌属。

7.2.1　菌落总数测定

1. 任务描述

菌落总数（aerobic bacterial coullts）的测定是测定水中需氧菌、兼性厌氧菌和异养菌密度，是水质检验的必要项目之一，主要用于判定饮用水、水源水的污染程度和卫生状况，评价水质清洁程度和考核净化效果。

虽然不同种类的细菌对营养和其他条件的要求差别很大，但肠道中的绝大多数腐生性和致病性细菌，可在营养丰富的牛肉膏、蛋白胨琼脂培养基上进行生长，出现肉眼可见的菌落。虽然这样计算出来的菌落总数实际上是一种近似值，但它基本上能代表水样中细菌的数量，故而水中菌落总数是指1mL水样在牛肉膏蛋白胨营养琼脂培养基（nutrient agar culture medium）上有氧条件下37℃培养48h后所生出来的菌落总数（包括腐生和致病细菌），应用平皿计数技术进行测定，利用一个菌落代表一个细胞的原理来计数。

2. 任务内容

(1) 仪器。

高压蒸汽灭菌器；干热灭菌箱；培养箱 (36±1)℃；电炉；天平；冰箱；放大镜或菌落计数器；pH 计或精密 pH 试纸；灭菌试管；平皿（直径 9cm）；灭菌的刻度吸管；采样瓶等。灭菌是指采用物理和化学的方法杀死或除去培养基内和所用器皿中的一切微生物。

玻璃器皿的灭菌：无论哪种方法灭菌都应预先将玻璃器皿包扎好，培养皿可按 7 套或 9 套为叠，用纸包装好。吸管要在管口约 0.5cm 以下的地方塞入长约 1.5cm 的棉花少许，以防止微生物液吸入口中或口中细菌吹入吸管内。然后，将吸管尖端放在 4～5cm 宽的长条纸的端，约与纸条成 45°角，折叠纸条，包住吸管尖端，然后将吸管紧紧卷入纸条内，包好后等待灭菌。试管和锥形瓶塞上棉塞后，也用纸包扎好。制作棉塞时所用的棉花为市售的普通棉花，不宜用脱脂棉，因为脱脂棉易吸水而导致污染，棉塞的制作应按器皿口径大小进行，试管棉塞应有 3～4cm 长。为了防止灭菌时受潮或进水，在棉塞外应用纸包扎。玻璃器皿的灭菌一般采用干热灭菌，也可以采用高压蒸汽灭菌法，干热灭菌用烘箱，通常于 160～170℃灭菌 2h，温度不宜过高，超过 180℃时，棉塞和纸张易烤焦起火。器皿在烘箱内不宜装得太满，以免影响温度的均匀上升，灭菌器器皿必须是十燥的，避免升温引起玻璃的破碎。灭菌后，逐步降温，待降到 60℃以下方可打开门，否则玻璃可能因突然遇冷而破碎，高压蒸汽灭菌见培养基灭菌。高压蒸汽灭菌后的容器如不立即使用，应于 60℃将瓶内冷凝水烘干，灭菌后的容器应在 2 周内使用。

接种环、镊子等金属用具可在火焰上灼烧灭菌。

(2) 培养基与试剂。

成分：营养琼脂；牛肉膏 (3g)；蛋白胨 (10g)；NaCl (5g)；琼脂 (10～20g)；蒸馏水 (1000mL)。

制法：将上述成分混合后，加热溶解，调整 pH7.4～7.6，分装于玻璃容器中（如用含杂质较多的琼脂时，应先过滤），经 103.43kPa (121.5℃，15lb) 灭菌 20min，贮存于冷暗处备用。营养琼脂培养基呈橙色，冷却后凝固，此培养基为固体培养基。

培养基灭菌：将培养基分装在大试管或锥形瓶中，不宜超过容器容量的 2/3。分装培养基的试管和锥形瓶可用纸将棉塞及瓶口包好，用线绳扎起来，灭菌。其灭菌方法有湿热灭菌（高压蒸汽灭菌和常压灭菌）和间歇灭菌，高压蒸汽灭菌是最常用的方法之一。

高压蒸汽灭菌在高压蒸汽灭菌器内进行，在密闭的高压灭菌器内，加热使水成为蒸汽，并由蒸汽将灭菌器内的冷空气全部驱出。随着压力的升高，温度亦上升，从而提高了蒸汽灭菌效力。在使用高压蒸汽灭菌时，先加入适量的水（至最高水位的标示高度），水过少，因蒸干而烧坏灭菌器甚至发生炸裂的危险，水分过多，会延长沸腾时间，一般是水刚没过灭菌锅内的垫圈为宜。把要灭菌的物品放入锅内（不要放得太紧和紧靠锅壁，以免影响蒸汽流通和冷凝水顺壁流入灭菌物品），关闭灭菌锅，对角式拧紧螺栓，打开排气阀，关闭安全阀。通电加热，不断有水蒸气从排气阀泄出，等锅内水沸腾后，再保持 3～5min 排气时间后关闭排气阀，此时蒸汽已将灭菌锅内冷空气排尽，否则达不到实际所需要的压力温度，从而影响灭菌效果，继续加热至所需压力后计算灭菌时间，并通过调节热源来保持压力不变，达到灭菌时间后，停止加热，待压力降到零时，打开排气阀，开盖取出物品。压力高于零时，切勿开盖，否则使培养基溅出，甚至有爆炸的危险。

间歇灭菌法适合于不耐高压的培养基灭菌。将待灭菌的培养基在80～100℃下蒸煮15～60min，以杀死其中的微生物营养细胞，然后置室温或37℃下过夜后，诱导芽孢发芽，第2天再以同样的方法蒸煮和保温过夜，如此连续重复3次，即可以100℃以下达到彻底灭菌的效果。

（3）检验。

生活饮用水：以无菌操作方法用灭菌吸管吸取1mL，充分混匀的水样，注入灭菌器皿中倾注约15mL已融化并冷却到45℃左右的营养琼脂培养基，并立即旋摇平皿，使水样与培养基充分混匀，每次检验时应做一平行接种，同时另用一个平皿只倾注营养琼脂培养基作空白对照。

待冷却凝固后，翻转平皿，使底面向上置于（36±1）℃培养箱内培养48h，进行菌落计数，即为水样1mL中的菌落总数。

水源水：以无菌操作方法吸取1mL充分混匀的水样，注入盛有9mL灭菌生理盐水的试管中，混匀成1∶10稀释液。吸取1∶10的稀释液1mL。注入盛有9mL灭菌生理盐水的试管中，混匀成1∶1000稀释液。按同法依次稀释成1∶1000、1∶10000稀释液等备用，如此递增稀释一次，必须更换一支1mL灭菌吸管。用灭菌吸管取未稀释的水样和2～3个适宜稀释度的水样lmL，分别注入灭菌平皿内。倾注约15mL已融化并冷却到45℃左右的营养琼脂培养基，并立即旋摇平皿，使水样与培养基充分混匀，每次检验时应做一平行接种，同时另用个平皿只倾注营养琼脂培养基作空白对照。

待冷却凝固后，翻转平皿，使底面向上，置于（36±1）℃培养箱内培养48h，进行菌落计数。

作平皿菌落计数时，可用眼睛直接观察，必要时用放大镜检查，以防遗漏。在记下各平皿的菌落数后，应求出同稀释度的平均菌落数，供下一步计算时应用。在求同稀释度的平均菌落数时，若其中一个平皿有较大片状菌落生长时，则不宜采用，而应以无片状菌落生长的平皿作为该稀释度的平均菌落数。若片状菌落小到平皿的一半，而其余一半中菌落分布又很均匀，则可将此半皿计数后乘以2代表全皿菌落数，然后再求该稀释度的平均菌落数。若由于稀释过程中有杂菌污染，或者对照平皿显示出培养基或其他材料染有杂菌，以至平皿无法计数，则应报告“实验事故”。

（4）不同稀释度的选择及报告方法。

首先选择平均菌落数在30～300之间者进行计算，若只有一个稀释度的平均菌落数符合此范围时，则将该菌落数乘以稀释倍数报告之（见表7.1例次1）。

若有两个稀释度，其生长的菌落数均在30～300之间，则视两者之比来决定。若其比值小于2，应报告两者的平均数；若不小于2，则报告其中稀释度较小的菌落总数（见表7.1例次2、例次3、例次4）。

若所有稀释度的平均菌落数均大于300，则应按稀释度最高的平均菌落数乘以稀释倍数报告之（见表7.1例次5）。

若所有稀释度的平均菌落数均小于30，则应按稀释度最小的平均菌落数乘以稀释倍数报告之（见表7.1例次6）。

若所有稀释度的平均菌落数均不在30～300之间，则取最接近300或30的平均菌落数乘以稀释倍数报告之（表7.1例次7）。

表 7.1 稀释度选择及菌落总数报告方式

例次	不同稀释度的平均菌落数			两个稀释度之比	菌落总数（CFU/mL）	报告方式（CFU/mL）	备注
	10^{-1}	10^{-2}	10^{-3}				
1	1365	164	20	—	16400	1.6×10^4	
2	2760	295	46	1.6	37750	3.8×10^4	
3	2800	271	60	2.2	27100	2.7×10^4	
4	450	30	8	2	1500	1.5×10^3	
5	多不可计	1650	513	—	513000	5.1×10^3	
6	27	11	5	—	270	2.7×10^2	
7	多不可计	305	12	—	30500	3.1×10^4	

若所有稀释度的半板上均无菌落生长，则以未检出报告之。

若所有平板上都菌落密布，不要用“多不可计”报告，而应在稀释度最大的平板上，任意数其中 2 个平板 $1cm^2$ 中的菌落数，除 2 求出每平方厘米内平均菌落数，乘以皿底面积 $63.6cm^2$，再乘其稀释倍数作报告。

菌落数在 100 以内时按实有数报告；大于 100 时，采用二位有效数字，在两位有效数字后面的数值，以四舍五入方法计算。为了缩短数字后面的零数也可用 10 的指数来表示。

通过本任务的练习，明确水样菌落总数检验任务的来源和检验方案，能将水样稀释为几个合适的稀释度和配制营养琼脂培养基，学会干热灭菌、高压蒸气灭菌、菌落总数的测定、计数和报告方法。

7.2.2 总大肠杆菌的测定

总大肠菌群是指一群在（36±1)℃培养（24±2)h，能发酵乳糖、产酸产气、需氧和兼性厌氧的革兰阴性无芽孢杆菌，主要包括埃希菌属、柠檬酸菌属、肠杆菌属、克雷伯氏菌属等，属于化能异养型。在好氧条件下，进行呼吸代谢，在厌氧条件下进行混合酸发酵，产酸产气，最适温度为 37℃，最适 pH 值为 7，在品红亚硫酸钠或伊红亚甲蓝固体培养基上形成直径 1～3nm 的紫红色带金属光泽的菌落，广泛分布于水、土壤以及动物和人的肠道内。大肠杆菌是肠道的正常寄生菌，能合成维生素 B 和 K，产生大肠菌素，对人的机体是有利的，粪便中存在大量的大肠菌群细菌。但当抵抗力下降或大肠杆菌侵入肠外组织或器官时，则又是条件致病菌或引起肠外感染，如产生毒血症、膀胱炎及其他感染。大肠菌群在水体中存活的时间和对氯的抵抗力等，与肠道致病菌如沙门菌、志贺氏菌等相似，大肠菌群一旦在水体中出现，便意味着水体直接或间接地被粪便污染，有被病原菌污染的可能性。对人体健康具有潜在的危险。消毒后的水立即测试不应该有总大肠菌群检出，一旦检出则表明水处理不当。输配水系统和储水装置中检出总大肠菌群，提示有细菌再生、可能有生物膜形成或水入口处被异物（土壤或植物）污染。因此将总大肠菌群作为水体受粪便污染的指示菌，检测饮水、牛乳或食品的卫生指标。

1. 任务描述

大肠菌群的检验方法主要包括多管发酵法和滤膜法。前者可适用于各种水样（包括底泥)，但操作用时间较长。后者主要适用于杂质较少的水样，如饮用水，操作简单快速。

总大肠菌群滤膜法是指用孔径为0.45μm的微孔滤膜过滤水样，将滤膜贴在添加乳精的选择性培养基上（36±1)℃培养（24±2)h。能形成特征性菌落的需氧和兼性厌氧的革兰阴性无芽孢杆菌以检测水中总大肠菌群的方法。

滤膜是一种微孔性薄膜，将水样注入已灭菌的放有滤膜（孔径0.45μm）的滤器中。经过抽滤，细菌即被截留在膜上，然后将滤膜贴于品红亚硫酸钠培养基上，进行培养。因大肠菌群细菌可发酵乳糖，在滤膜上出现紫红色具有金属光泽的菌落，根据计数滤膜上着生的此特性的菌落数，计算出1L水样中含有总大肠菌群数。如有必要，对可疑菌落应进行涂片染色镜检，再接种乳糖发酵管做进一步鉴定。

滤膜法具有高度的再现性，可用于检验体积较大的水样，能比多管发酵技术更快地获得肯定的结果。不过在检验浑浊度高、非大肠杆菌类细菌密度大的水样时，有其局限性。

2. 任务内容（滤膜法）

(1) 仪器。滤器；滤膜，孔径0.5μm；摘滤设箭；无齿镊子；培养箱（36±1)℃；冰箱0～4℃；电子天平；显微镜；平皿，直径为9cm的接种环；试管；分度吸管，1mL、10mL，锥形瓶；小倒管；载玻片；沸水浴。

滤膜灭菌：将滤膜放入烧杯中，加入蒸馏水，置于沸水浴中煮沸灭菌3次，每次15min。前两次煮沸后更换水洗涤2～3次，以除去残留溶液。

滤器灭菌：用点燃的酒精棉球火焰灭菌，也可用蒸汽灭菌器103.43kPa（121℃）高压蒸汽灭菌20min。

(2) 培养基与试剂。

1) 品红亚硫酸钠培养基成分：蛋白胨（10g)；牛肉膏（5g)；酵母浸膏（5g)；乳糖（10g)；琼脂（15～20g)；磷酸氢二钾（3.5g)；蒸馏水（1000mL)；无水亚硫酸钠（5g)；碱性品红乙醇溶液（50g/L，20mL)。

贮备培养基的制备：先将琼脂加到500mL馏水中，煮沸溶解，于另500mL蒸馏水中加入磷酸氢二钾、蛋白胨、酵母浸膏和牛肉膏，加热溶解，倒入已溶解的琼脂，补足蒸馏水至1000mL，混匀后调pH=7.2～7.4，再加入乳糖，分装，68.95kPa（115℃）高压灭菌20min，储存于冷暗处备用。本培养基也可不加琼脂，制成液体培养基，使用时加2～3mL于灭菌吸收垫上，再将滤膜置于培养垫上培养。

平皿培养基的配制：将上述贮备培养基加热融化，用灭菌吸管按一定比例吸取一定量的50g/L的碱性品红乙醇溶液置于灭菌空试管中，再按比例称取所需的无水亚硫酸钠置于另一灭菌空试管内，加灭菌水少许，使其溶解后，置于沸水浴中煮沸10min以灭菌。用灭菌吸管吸取已灭菌的亚硫酸钠溶液，滴加于碱性品红乙醇溶液内至深红色褪成淡红色为止（不宜多加)。将此亚硫酸钠与碱性品红的混合液全部加入已融化的贮备培养基内，并充分混匀（防止产生气泡)，立即将此种培养基适量（约15mL）倾入已灭菌的空皿内，待冷却凝固后，置冰箱内备用。此种已制成的培养基于冰箱内保存不宜超过两周，如培养基已由淡红色变成深红色，则不能再用。

品红和亚硫酸钠不稳定，须新鲜配置。故品红亚硫酸钠培养基应临用时再加入新配的碱性品红与亚硫酸钠混合液。亚硫酸钠水溶液须新鲜配置，煮沸灭菌，不可高压。

2）乳糖蛋白胨培养液成分：蛋白胨（10g）、牛肉膏（3g）、乳糖（5g）、氯化钠（5g）、溴甲酚乙醇溶液（16g/L，1mL）、蒸馏水（1000mL）。

（3）过滤水样。用无菌镊子夹取灭菌滤膜边缘，将粗糙面向上，贴放在已灭菌的滤床上，稳妥地固定好滤器，将 100mL 水样（如水样含菌数较多，可减少过滤水样量，或将水样稀释）注入滤器中，打开滤器阀门，在 -5.07×10^4 Pa（负 0.5 大气压）下抽滤。

（4）培养。水样滤完后，再抽约 5s，关上滤器阀门，取下滤器，用灭菌镊子夹取滤膜边缘部分，移放在品红亚硫酸钠培养基上，滤膜截留细菌而朝上，滤膜应与培养基完全贴紧，两者间不得留有气泡，然后将平皿倒置，放入（36±1)℃恒温箱内培养（24±2)h。

（5）结果观察和报告。挑取符合下列特征的菌落进行革兰染色、镜检：紫红色，具有金属光泽的菌落；深红色，不带或略带金属光泽的菌落；淡红色，中心色较深的菌落。

凡革兰染色为阴性的无芽孢杆菌，再接种乳糖蛋白胨营养液，于（36±1)℃培养（24±2)h，有产酸产气者，则判定为总大肠菌群阳性。

计数滤膜上生长的大肠菌群菌落总数，计算总大肠菌群数：

$$\text{总大肠杆菌菌落数(CFU/100mL)}=\frac{\text{数出的总大肠菌群菌落数}\times100}{\text{过滤的水样体积(mL)}}$$

学习情境 7.3　水厂消毒剂指标的监测

7.3.1　余氯的监测

自来水厂的出水在进入管道前，必须经过消毒，目前，普遍使用的还是利用氯化物进行自来水的消毒，但是如果氯化物用量过低达不到消毒的效果，为了保证消毒的持续性和有效性，所以作为饮用水国家对余氯的量有一定的要求，余氯也就成为出厂水重要监测指标。

1. 任务描述

目前、生活饮用水卫生标准（GB 5749—2006）：与水接触不小于 30min，余氯出厂水限值 4mg/L，出厂水余量不小于 0.3mg/L。管网末梢水余量不小于 0.05mg/L。将测定值与之比较，判断是否合格。

在 pH<2 的酸性溶液中，余氯与 3，3’，5，5’—四甲基联苯胺反应，生成黄色的醌式化合物，用目视比色法定量，用重铬酸钾溶液配制永久性余氯标准色列。

在 pH=6.2～6.5 条件下，游离余氯直接与 N，N-二乙基对苯二胺（DPD）迅速反应生成红色化合物，用分光光度法测量其吸光度。在碘化物催化下，一氯胺也能与 DPD 反应显色，加入 DPD 试剂前加入碘化物时，一部分二氯胺与游离余氯一起显色，通过变换试剂的加入顺序可测得三氯胺浓度。

存在过量碘化钾时与 DPD 反应生成红色化合物，用分光光度法测量其吸光度，测定总氯。

2. 实验内容（以3，3’，5，5’—四甲基联苯胺比色法）

（1）试剂。氯化钾—盐酸缓冲溶液（pH2.2）：称取3.7g经100～110℃干燥至恒重的氯化钾，用纯水溶解，再加0.56mL盐酸（ρ20＝1.19g/mL），并用纯水稀释至1000mL。

盐酸溶液（1+4）。

3，3’，5，5’—四甲基联苯胺溶液（0.3g/L）：称取0.039g3，3’，5，5’—四甲基联苯胺（$C_{16}H_{20}N_2$），用100mL盐酸溶液［c(HCl)＝0.1mol/L］。分批加入并搅拌使试剂溶液（必要时可加温助溶）混匀，此溶液应无色透明，贮存于棕色瓶中，在常温下可保存5个月。

重铬酸钾铬酸钾溶液：称取0.155000g经120℃干燥至恒重的重铬酸钾（$K_2Cr_2O_7$），及0.4650g经120℃干燥至恒重的铬酸钾（K_2CrO_4），溶解于氯化钾—盐酸缓冲溶液中，并稀释至1000mL。此溶液生成的颜色相当于1mg/L余氯与3，3’，5，5’—四甲基联苯胺生成的颜色。

Na_2EDTA溶液（20g/L）。

（2）仪器。具塞比色管，50mL。

（3）检验与结果。永久性余氯标准比色管（0.005～1.0mg/L）的配制：按表所列用量分别吸取重铬酸钾铬酸钾溶液注入5mL具塞比色管中，用氯化钾盐酸缓冲溶液稀释至50mL刻度，所相当的余氯浓度在表7.2中列出，此标准比色管在冷暗处保存可使用6个月。

于50mL具塞比色管中，先加入2.5mL 3，3’，5，5’—四甲基联苯胺溶液，加入澄清水样至50mL刻度，混合后立即比色，所得为游离余氯，放置10min后所得结果为总余氯，总余氯减去游离余氯即为化合性余氯。

pH＞7的水样可先用盐酸溶液调节pH＝4再行测定。

水样中铁离子大于0.12mg/L。时，可在每50mL水样中加1～2滴Na_2EDTA溶液，以消除干扰。

水温低于20℃时，可先温热水样至25～30℃，以加快反应速度。

表7.2 重铬酸钾—铬酸钾溶液的体积及所相当的余氯浓度

余氯(mg/L)	重铬酸钾—铬酸钾溶液(mL)	余氯(mg/L)	重铬酸钾—铬酸钾溶液(mL)
0.005	0.25	0.40	20.0
0.01	0.50	0.50	25.0
0.03	1.50	0.60	30.0
0.05	2.50	0.70	35.0
0.10	5.00	0.80	40.0
0.20	10.0	0.90	45.0
0.30	15.0	1.00	50.0

注 若水样余氯大于1mg/L时，可将重铬酸钾铬酸钾溶液的浓度提高10倍，配成相当于100mg/L余氯的标准色，配制成1.0～10mg/L的永久性余氯标准色列。

测试时，如显浅蓝色，表明显色液酸度偏低，可多加 1mL 试剂，就出现正常颜色，又如加试剂后，出现橘色，表示余氯含量过高，可改用余氯 1～10mg/L 的标准系列，并多加 1mL 试剂。

7.3.2　消毒副产物的监测

二氧化氯、亚氯酸盐、氯酸盐、溴化物、溴酸盐以及硝酸盐和亚硝酸盐、氟化物等消毒副产物都可利用离子色谱法检验，硝酸盐、亚硝酸盐、氟化物也呵用同水源水相同的方法检验。

1. 任务描述

离子色谱法是根据阴离子交换系统对不同阴离子的亲和力不同，使水样中待测的阴离子随碳酸盐淋洗液进入离子交换系统中（由保护柱和分离柱组成）交换分离，分离后流经抑制柱（抑制器系统），淋洗液转化成弱电导率的碳酸。电导率被扣除，向阴离子转化成具有高电导率的强酸，由电导检测器测量各种离子组分的电导率，数据处理和显示系统给出离子流出时间和浓度峰，各种阴离子以相对保留时间定性。阴离子浓度以峰面积或峰高定量。离子色谱基本流程见图 7.2，分离过程见图 7.3，抑制器的作用见图 7.4。

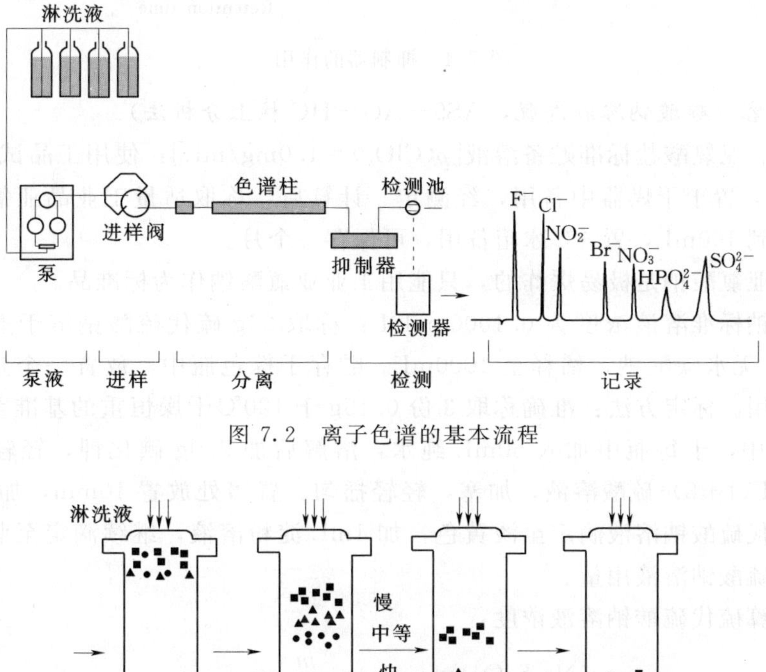

图 7.2　离子色谱的基本流程

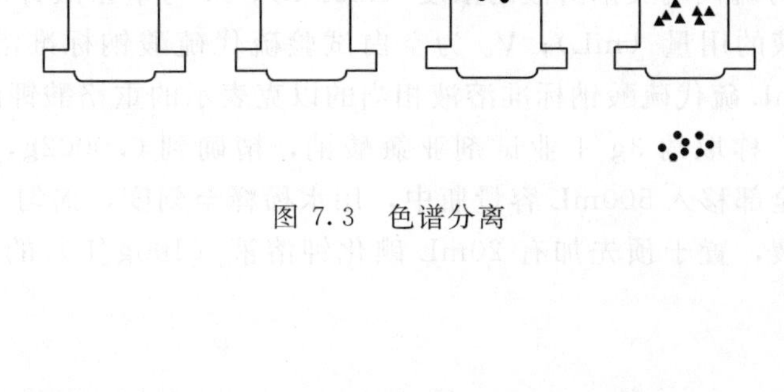

图 7.3　色谱分离

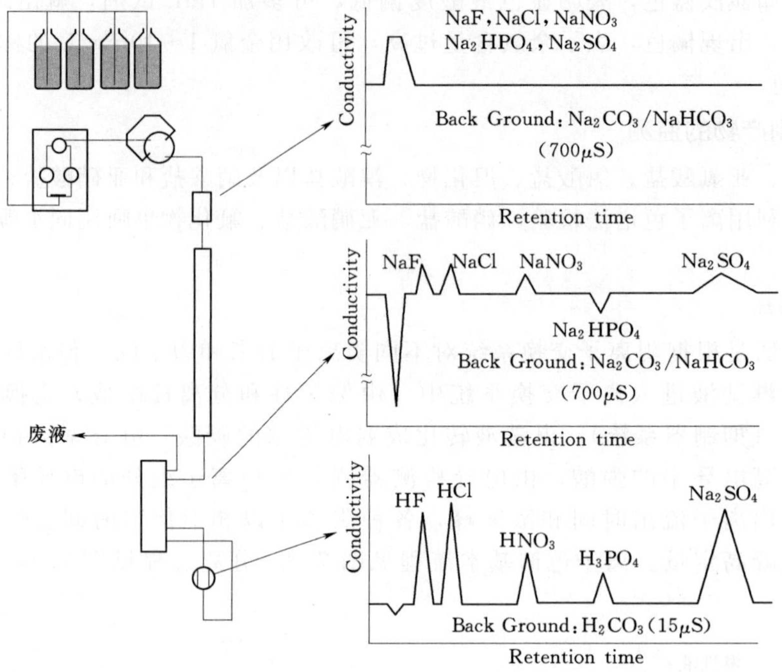

图 7.4　抑制器的作用

2. 任务内容（碳酸钠溶液洗脱，AS9＋AG－HC 柱上分析法）

（1）试剂。亚氯酸盐标准贮备溶液[$\rho(ClO_2^-)=1.0mg/mL$]：使用工品试剂作标准品，含量约为 82%，置于干燥器中备用，经测定、计算后，称取适量工业品亚氯酸钠，用纯水溶解并定容到 100mL，置 4℃冰箱备用，可保存一个月。

高纯度的亚氯酸钠是极易爆炸的，只能用工业亚氯酸钠作为标准品。

硫代硫酸钠标准溶液浓度为 0.1000mol/L：称取 26g 硫代硫酸钠溶于煮沸放冷的水中，加入 0.2g 无水碳酸钠，稀释至 1000mL。贮存于棕色瓶中，放置一个月后过滤，经准确标定后备用。标定方法：准确称取 3 份 0.15g 于 120℃干燥恒重的基准重铬酸钾置于 500mL 碘量瓶中，于每瓶中加入 50mL 纯水，溶解后加 2.0g 碘化钾，轻轻振摇使之溶解，再加 20mL(1＋8) 硫酸溶液，加塞，轻轻摇匀。置暗处放置 10min，加入 250mL 纯水稀释，用硫代硫酸钠溶液滴定至淡黄色，加 1mL 淀粉溶液，继续滴定至蓝色变为亮绿色，记录硫代硫酸钠溶液用量。

按下式计算硫代硫酸钠溶液浓度：

$$c(Na_2S_2O_3)=\frac{m}{(V_1-V_0)\times 0.04903}$$

式中：$c(Na_2S_2O_3)$为硫代硫酸钠溶液的浓度（mol/L）；m 为重铬酸钾的质量（g）；V_1 为硫代硫酸钠标准溶液的用量（mL）；V_0 为空白试验硫代硫酸钠标准溶液的用量（mL）；0.04903 为与 1.00mL 硫代硫酸钠标准溶液相当的以克表示的重铬酸钾的质量。

亚氯酸盐测定：称取约 3g 工业试剂亚氯酸钠，精确到 0.0002g，置于 100mL 烧杯中，加水溶解后，全部移入 500mL 容量瓶中，用水稀释至刻度，摇匀。

量取 10mL 试液，置于预先加有 20mL 碘化钾溶液（100g/L）的 250mL 碘量瓶中，加入 20mL（1+8）硫酸溶液，摇匀，于暗处放置 10min，加 100mL 水，用硫代硫酸钠标准溶液滴定至溶解呈浅黄色时，加入约 3mL 淀粉指示液，继续滴定至蓝色消失即为终点，同时做空白试验。

亚氯酸钠（$NaClO_2$）的质量分数为

$$w=\frac{c_1(V_1-V_0)\times 0.02261}{m\times 10/500}\times 100=\frac{113.5\times c_1(V_1-V_0)}{m}$$

式中：c_1 为硫代硫酸钠溶液的浓度（mol/L）；m 为亚氯酸钠的质量（g）；V_1 为硫代硫酸钠标准溶液的用量（mL）；V_0 为空白试验硫代硫酸钠标准溶液的用量（mL）；113.5 为与 1.00mL 硫代硫酸钠标准溶液相当的以克表示的亚氯酸钠的质量。

氯酸盐标准贮备溶液[$\rho(ClO_3^-)=1.0mg/mL$]：使用基准纯试剂，置于干燥器中备用，称取适量氯酸钠，用纯水溶解，并定容到 100mL，置 4℃冰箱备用，可保存一个月。

溴离子标准贮备溶液[$\rho(Br^-)=1.0mg/mL$]：称取 0.1288g 溴化钠（基准纯），用纯水溶解，并定容到 100mL。置 4℃冰箱备用，可保存一个月。

混合标准贮备溶液：分别吸取 1.0mL 亚氯酸盐标准贮备溶液、氯酸盐标准贮备溶液和溴离子标准贮备溶液，用纯水定容到 100mL，此混合标准贮备溶液分别含亚氯酸盐、氯酸盐和溴离子 10.0mg/L，当天配制。

样品保存液[$\rho(EDA)=100mg/mL$]（乙二胺溶液）：取 2.8mL 乙二胺稀释到 25mL，置 4℃冰箱备用，可用一个月。

纯水；重蒸水或去离子水，电导率小于 1μS/cm 或电阻率 18.2MΩ·cm，不含目标离子，经 0.2μm 的滤膜过滤。

辅助气体：压缩空气，高纯氮气（纯度 9999%）（小瓶装方便携带）。

（2）仪器。离子色谱仪；电导检测器；色谱工作站；色谱柱 AS9＋ApHc（内径：4cm）（分离柱）。

采样瓶：500mL 棕色玻璃或塑料瓶，洗涤干净，并用纯水冲洗，晾干备用。

滤器及滤膜：0.2μm。

无水碳酸钠：分析纯试剂，置于干燥器中备用。

样品采集与贮存方法：用采样瓶采集水样，往水中通入高纯氮气（或其他惰性气体，如氩气）10min（1.0L/min）（对于用二氧化氯消毒的水样通氮气是必需的，对于加氯消毒的水样可省略此步骤），吹除二氧化氯，然后加入 0.25mL 乙二胺溶液，密封，摇匀，置 4℃冰箱贮备，采集后当天测定。

样品预处理：将水样经 0.2μm 滤膜过滤，对硬度高的水必要时先过阳离子交换树脂柱，然后经 0.2μm 滤膜过滤，对含有机物的水先经过 C_{18} 柱过滤。

仪器条件的设定：进样器加压 0.5MPa；进样体积 200μL；流动相瓶加压 40kPa；流动相为 8.0mmol/LNa_2CO_3 溶液，流速 1.3mL/min 抑制器抑制模式为外接纯水模式，电流 50mA，电导检测池温度 50℃。

（3）检验。将预处理后的水样注入进样系统，记录峰高和峰面积，各种分析离子的质量浓度（μg/L）可以直接在标准曲线上查得。

一般对阴离子分析时，可将氟离子、氯离子、亚硝酸盐、硝酸盐、磷酸盐、硫酸盐和溴酸盐配成标准样一起测定。

离子出峰顺序和保留时间如下。

出峰顺序：①氟离子；②亚氯酸盐；⑧溴酸盐；④氯离子；⑤亚硝酸盐；⑥溴离子；⑦氯酸盐；⑧硝酸盐；⑨磷酸盐；⑩硫酸盐。

利用碳酸钠溶液洗脱时各阴离子在 AS9＋AG－HC 柱上的保留时间：氟离子 3.06min，亚氯酸盐 4.14min，溴酸盐 4.74min，氯离子 5.43min，亚硝酸盐 6.84min，溴离子 9.07min，氯酸盐 9.91min，硝酸盐 10.69min，磷酸盐 15.86min，硫酸盐 18.17min。

学习情境 7.4　重 金 属 的 测 定

重金属主要包括镉、铬、汞、铅等，它们沉积在河底、海湾、通过水生食物链或通过供水进入人体，降低酶类活性，引起急慢性中毒，致使细胞畸变或引发癌变甚至死亡，对人体伤害较大。本学习情境将以石墨炉原子吸收法测定镉、铜、铅为例介绍重金属的测定方法。

7.4.1　镉、铜、铅的石墨炉原子吸收光谱法测定

1. 任务描述

镉、铜和铅的石墨炉法（EAAS）测定：将样品注入石墨管，用电加热方式使石墨炉升温，样品蒸发离解形成原子蒸气，对来自光源的特征电磁辐射产生吸收。将测得的样品吸光度和标准吸光度进行比较，确定样品中被测金属的含量。

2. 任务内容

（1）试剂。硝酸，优级纯；硝酸溶液（1＋1）；硝酸溶液（$\varphi=0.2\%$）；去离子水：金属含量应尽可能低，最好用石英蒸馏器制备的蒸馏水；硝酸钯溶液：称取硝酸钯 0.108g 溶于 10mL(1＋1) 硝酸，用水定容至 500mL，含 Pd10μg/mL。

金属标准贮备溶液：准确称取经稀酸清洗并干燥后的 0.5000g 光谱纯金属，用 50mL（1＋1）硝酸溶解，必要时加热自至溶解完全，用水稀释至 500.0mL，此溶液每毫升含 1.00mg 金属。

混合标准溶液：由标准贮备溶液稀释配制，用 $\varphi=0.2\%$ 的硝酸进行稀释。制成的溶液每毫升含镉、铜、铅 0μg、0.1μg、0.2μg、0.4μg、1.0μg、2.0μg，含基体改进剂钯 1μg 的标准系列。

（2）试样的预处理。取 100mL 水样放入 200mL 烧杯中，加入硝酸 5mL，在电热板上加热消解（不要沸腾）。蒸至 10mL 左右，加入 5mL 硝酸和 10mL 过氧化氢，继续消解，直至 1mL 左右。如果消解不完全，再加入硝酸 5mL 和过氧化氧 10mL，再次蒸至 1mL 左右。取下冷却，加水溶解残渣，过滤，在滤液中加入 1.0mL 硝酸钯溶液，用水定容至 100mL。

取 $\varphi=0.2\%$ 的硝酸 100mL，按上述相同的程序操作，以此为空白样。

（3）样品测定。直接法：将 20μL 样品注入石墨炉，参照表 7.3 的仪器参数测量吸光度。以零浓度的标准溶液为空白样，扣除空白样吸光度后，从校准曲线上查出样品中被测金属的浓度。如可能也可用浓度直读法进行测定。

表 7.3 仪器工作参数

工作参数	元素		
	Cd	Pb	Cu
光源	空心阴极灯	空心阴极灯	空心阴极灯
灯电流（mA）	7.5	7.5	7.0
波长（nm）	228.8	283.3	324.7
通带宽度（nm）	1.3	1.3	1.3
干燥	80～100℃/5s	80～180℃/5s	80～180℃/5s
灰化	400～500℃/5s	700～750℃/5s	400～500℃/5s
原子化	2500℃/5s	2500℃/5s	2500℃/5s
清除	2600℃/3s	2700℃/3s	2600℃/3s
Ar 流量（mL/min）	200	200	200
进样体积（μL）	20	20	20

标准加入法测定：若试样组成较复杂，且试样的基体可能对测定有明显干扰，如氯化钠使镉、铅、铜的原子对特征辐射的吸收减弱，产生负干扰，采用标准加入法可部分补偿这类干扰。一般用三点法：第一点，直接测定水样；第二点，取 10mL 水样，加入混合标准溶液 25μL，后混匀；第三点，取 10mL。水样，加入混合标准溶液 50μL，后混匀。以上三种溶液中的标准加入浓度，镉依次为 0μg/L、0.5μg/L、1.0μg/L，铜和铅依次为 0μg/L、5.0μg/L、10μg/L。以零浓度的标准溶液为空白样，参照表 7.4 的仪器参数测量吸光度。用扣除空白样吸光度后的各溶液吸光度对加入标准的浓度作图，将直线延长，与横坐标的交点即为样品的浓度（加入标准的体积所引起的误差不超过 0.5%）。

注意事项如下：

（1）石墨炉原子吸收分光光度法的基体效应比较显著和复杂，可以用连续光源背景校正法或塞曼偏振光校正法、自吸收法进行校正。因仪器设备不同，工作条件差异也较大。如果使用横向塞曼扣除背景仪器，可将灰化、原子化和清除温度降低 100～200℃，也可通过样品稀释降低其基体浓度或使用基体改进剂减小基体效应。硝酸钯是测定镉、铜、铅最好的基体改进剂，同时使用 La、W、Mo 和 Zn 等金属碳化物涂层石墨管测定，既可提高灵敏度，也能克服基体干扰。由于生成了热稳定性好的 Pb－Pd 合金，可以将 Pb 的灰化温度提高到 1200℃，而且将原子化温度也提高了 490℃。硝酸钯亦可用硝酸镧代替，但空白较高，必须注意扣除。测定基体简单的水样可不使用硝酸钯做基体改进剂。

（2）本法适用于地下水和清洁地表水。适应浓度范围镉 0.1～2μg/L、铜 1～50μg/L、铅 1～5μg/L，分析样品前要检查是否存在基体干扰并采取相应的校正措施，测定浓度范围与仪器的特性有关。

（3）因 Pb、Cd、Cu 在一般地表水中含量差别较大，测定 Cu 时可将水样适当稀释后测定。

7.4.2 饮用水及其水源水中 30 种金属元素的 ICP—MS 测定

1. 任务描述

在电感耦合等离子体/谱法（inductive coupled plasma mass，ICP/MS）中，元素的

原子化和激发与ICP/AES法是一样的，样品溶液经过雾化由载气送入ICP炬焰中，经过蒸发、解离、原子化、电离等过程，转化为带正电荷的正离子，经离子采集系统进入质谱仪。样品进入质谱仪之后，离子经高电压加速，通过一系列离子光束、静电分析器，最后进入磁场，由于磁场强度不同，离子按其质量/电荷比而分开并通过一狭缝进入检测器，检测器只记录在给定时间里的很小的原子质量范围，改变磁场和静电分析器的设置，整个质量范围可在相当短的时间内扫描出来。对于一定的质荷比，质谱积分面积与进入质谱仪中的离子数成正比，即样品的浓度与质谱的积分而积成正比，通过测量质谱的峰而积来测定样品中元素的浓度。

2. 任务内容

（1）试剂。硝酸（ρ20＝1.42g/mL），优级纯；硝酸（1＋99）溶液；纯水，电阻率大于18.0MΩ·cm。

各种元素标准贮备溶液，选用相应浓度的贮备混合标准溶液、单标溶液，并稀释到所需浓度。

混合标准使用溶液：取适量的混合标准贮备溶液或各单标标准贮备液，用硝酸溶液逐级稀释相应的浓度，配制成下列浓度的混合标准使用溶液：钾、钠、钙、镁，ρ＝100.0μg/mL；锂、锶，ρ＝10.0μg/mL；银、铝、砷、硼、钡、铍、镉、钴、铬、铜、铁、锰、钼、镍、铅、锑、硒、锡、钍、铊、钛、铀、钒、锌，ρ＝1.0μg/mL；汞，ρ＝0.1μg/mL。

质谱调谐液：推荐选用锂、钇、铈、铊、钴为质谱调谐液，混合溶液锂、钇、铈、铊、钴的浓度为10μg/mL。

内标溶液：在分析溶液形式的样品时，可直接向样品中加入内标元素，但由于样品中天然存在某些元素而使内标元素的选择受到限制，这些天然存在于样品中的元素将不能作为内标，内标元素不应受到同量异位素重叠或多原子离子干扰，以及对被测元素的同位素产生干扰。推荐选用锂、钪、锗、钇、铟、铋为内标溶液，混合溶液锂、钪、锗、钇、铟、铋的浓度为10μg/mL，使用前用硝酸溶液稀释至1μg/mL，可选择全部或部分元素作为内标溶液，见表7.4。

（2）仪器。电感耦合等离子体质谱仪；超纯水制备仪。

（3）检测。

1）仪器操作。使用调谐液调整仪器各项指标，使仪器灵敏度、氧化物、双电荷分辨率等各项指标达到测定要求。仪器参考条件如下：RF功率为1280W、载气流量为1.14L/min、采样深度为7mm、雾化器为Barbinton型、采样锥类型为镍锥。

2）标准系列的制备。吸取混合标准使用溶液，用硝酸溶液（1＋99）配制成铝、锰、铜、锌、钡、钴、硼、铁、钛浓度分别为0ng/mL、5.0ng/mL、10.0ng/mL、50.0ng/mL、100.0ng/mL、500.0ng/mL；银、砷、铍、铬、镉、钼、镍、铅、硒、锑、锡、铊、铀、钍、钒浓度分别为0ng/mL、0.5ng/mL、1.0ng/mL、10.0ng/mL、50.0ng/mL、100.0ng/mL；钾、钠、钙、镁浓度分别为0μg/mL、0.5μg/mL、5.0μg/mL、10.0μg/mL、50.0μg/mL、100.0μg/mL锂、锶浓度分别为0μg/mL、0.05μg/mL、0.10μg/mL、5.0μg/mL、10.0μg/mL、50.0μg/mL、100.0μg/mL汞浓度分别为0μg/mL、0.10μg/mL、0.50μg/mL、1.0μg/mL、1.5μg/mL、2.0μg/mL的标准系列。

表 7.4 推荐的分析物质量、内标物

元素	分析质量	内标物	元素	分析质量	内标物	元素	分析质量	内标物
银	107	In	铜	65	Sc	硒	77	Ge
银	109	In	铁	56	Sc	锶	88	Y
铝	27	Sc	铁	57	Sc	锡	118	In
砷	75	Ge	钾	39	Sc	锡	120	In
硼	11	Sc	锂	7	Sc	钍	232	Bi
钡	135	In	镁	24	Sc	铊	203	Bi
铍	9	Li	锰	55	Sc	铊	205	Bi
钙	40	Sc	钼	98	In	钛	48	Sc
镉	111	In	钠	23	Sc	铀	235	Bi
镉	114	In	镍	60	Sc	铀	238	Bi
钴	59	Sc	镍	62	Sc	钒	51	Sc
铬	52	Sc	铅	208	Bi	锌	66	Ge
铬	53	Sc	锑	121	In	锌	68	Ge
铜	63	Sc	锑	123	In	汞	202	Bi

3）测定。开机，当仪器真空度达到要求时，用调谐液调整仪器各项指标，仪器灵敏度、氧化物、双电荷、分辨率等各项指标达到测定要求后，编辑测定方法、干扰方程及选择各测定元素，引入在线内标溶液，观测内标灵敏度，调 P/A 指标，符合要求后，将试剂空白、标准系列、样品溶液分别测定，选择各元素内标，选择各标准，输入各参数，绘制标准曲线，计算回归方程。

以样品管中各元素的信号强度 CPS，从标准曲线或回归方程中查得样品管中各元素的质量浓度。

通过本任务的实践，能够描述重金属检验任务来源和检验方案，学会原子吸收仪开机、关机、调试、实验条件选择与优化、标液配制、水样消解和测量、数据处理，完成原子吸收法测定重金属的任务，了解其他测定重金属的方法。

学习情境7.5 有机化合物监测

7.5.1 苯系物的测定——固相微萃取—毛细管气相色谱法

1. 任务描述

气相色谱法（gas chromatograph，GC）可检定和定量测定微量有机化合物。在气相色谱法中，气体用作流动相，涂在惰性颗粒固体上或毛细管壁上的液体作为固定相。当样品注入色谱柱中，有机化合物会挥发，随着载气在色谱柱中移动，移动速度取决于在流动相和固定相中不同的分配系数。气体通过色谱柱后，进入一个适当的检测器被检测。可以采用多种检测器，包括火焰离子化检测器（FID）、电子捕获检测器（ECD）和氮磷检测器等。这种方法的分离能力很强，结构相似的混合物可以系统地被分离开来，检定和定量在一次操作中同时完成。气象色谱仪的工作流程如图 7.5 所示。

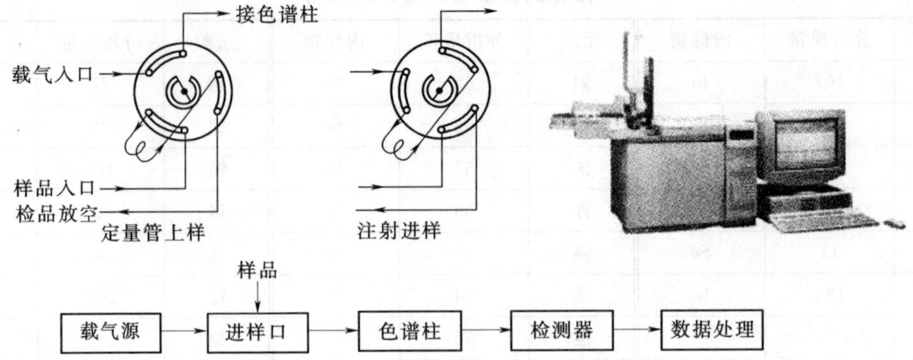

图 7.5　气象色谱仪 6890N 及流程

2. 任务内容

(1) 仪器和试剂。

2.5mL 注射针：HP7673 自动进样器，2mL 自动样品瓶；HP6890 气相色谱仪，FID 检测器；SPME 装置 [涂有 100Fm 聚二甲基硅氧烷（PDMS）的萃取头及手柄，加热搅拌板，SPME 取样台]；HP7686 样品制备站；HP 化学工作站。

溶剂：甲醇；标准样品（甲醇作溶剂，由中国环境监测总站提供）。

苯系物混合标准溶液：苯 303.6μg/mL、甲苯 305.1μg/mL、乙苯 306.6μg/mL、邻二甲苯 313.3μg/mL、间二甲苯 300.3μg/mL、对二甲苯 301.7μg/mL、异丙苯 300.8μg/mL。

混合标准溶液中间液：苯 30.36μg/mL、甲苯 30.51μg/mL、乙苯 30.66μg/mL、邻二甲苯 31.33μg/mL、间二甲苯 30.03μg/mL、对二甲苯 30.17μg/mL。、异丙苯 30.08μg/mL。

混合标准使用液系列（苯、甲苯、乙苯、邻二甲苯、间二甲苯、对二甲苯、异丙苯分别为 50μg/mL）：以饱和盐水为溶剂，将标准溶液中间液稀释为所需浓度使用液。

(2) 分析步骤。取所需浓度的标准样品使用液于 SPME 取样台上，插入涂有 100tLmPDMS 的萃取头，并使涂层浸入水样，在加热搅拌板上高速振摇 5min 后，取出针头，在气相色谱进样口于 250℃下脱附 lmin，直接进样进行色谱分离分析。在本试验选用的毛细管柱及上述色谱条件下，7 种化合物得到较好的分离，经单个标准样品定性，全程分离时间 8min，分离效果见图 7.6。

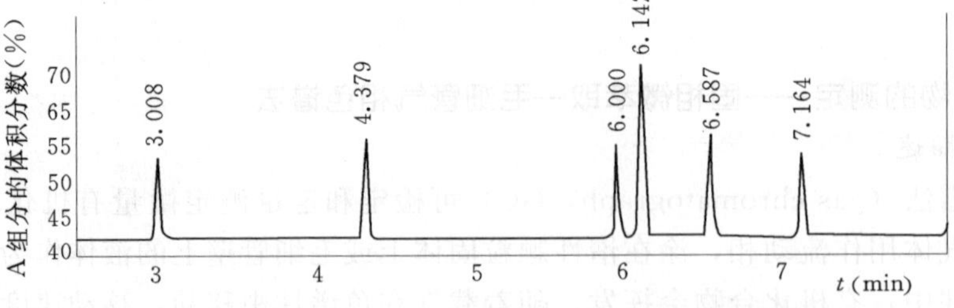

图 7.6　经固相萃取后苯系物标准色谱样品色谱图

出峰顺序依次为苯、甲苯、乙苯、间二甲苯和对二甲苯、邻二甲苯、异丙苯

固相微萃取对不同的有机化合物萃取程度也不相同，分析结果除与纤维头本身的性质、极性、膜厚有关外，严格控制操作条件，如萃取时间、温度、萃取头浸入深度、样品

瓶体积，是获得可靠结果的必要保证，不同水源有机物含量不同，因此，设定两个校准曲线范围分别为 10～125μg/L、200～1000μg/L。

7.5.2 气象色谱法测定硝基苯

1. 任务描述

见 7.5.1 苯系物的测定——固相微萃取—毛细管气相色谱法。

2. 任务内容

(1) 试剂和材料。

载气：高纯氮（99.99%）。

配制标准样品和试样预处理时使用的试剂和材料。

纯水：色谱检验无待测组分。

无水硫酸钠：在 300℃烘箱中烘烤 4h，置于干燥器中冷却至室温。

苯：优级纯，色谱检验无被测组分。

正已烷：优级纯，色谱检验无被测组分。

色谱标准物：硝基苯（>99%）。

(2) 仪器。气相色谱仪，ECD 检测器；色谱柱：FFAP（25m×0.32mm）毛细管柱，或者相同极性毛细管色谱柱；样品瓶，1000mL；具塞磨口玻璃瓶；分液漏斗，100mL、500mL。

微量进样器，10btL；比色管，25mL。

(3) 样品。样品待测组分易挥发，需避光低温保存，尽快测定。样品采集后 7d 完成萃取，萃取前样品在 4℃保存，萃取后 40d 内完成分析。

摇匀水样，准确量取 500mL 置入 500mL 分液漏斗中，加入 25mL 苯，摇动，放出气体。再振荡萃取 3～5min，静置 10min，两相分层，弃去水样，置入事先盛有少许无水硫酸钠的具塞离心管中，备色谱分析用。

(4) 检验。仪器的调整：气化室温度 310℃；柱温 160℃；检测器温度 315℃；载气流量 2.0mL/min；分流比 11：1；尾吹气流量 50mL/min。

(5) 校准（外标法）。每次分析样品时用新标准使用溶液绘制工作曲线或用相应因子进行计算。

标准贮备溶液：称取硝基苯标准物 0.1000g，置于容量瓶中，用苯溶解，定容至 100mL，在 4℃避光保存，可保存 6 个月。

标准使用溶液：吸取 1mL 硝基苯标准贮备溶液，用苯定容至 10mL 容量瓶中，此溶液中硝基苯溶液为 10mg/L，如此逐级稀释至 $\rho=1\mu g/mL$。

气相色谱使用标准样品的条件：标准样品进样体积与试样体积相同，标准样品的响应值应接近试样的响应值。在工作范围内相对标准偏差小于 10%即可认为处于稳定状态。每批样品必须同时制备工作曲线。

工作曲线的制备：分别取 0.10mL、0.20mL、0.50mL、0.80mL、1.00mL 标准使用液，用正已烷定容至 10mL，此即为标准系列 0.011μg/mL、0.021μg/mL、0.051μg/mL、0.081μg/mL、0.11μg/mL。进样 1μL 注入色谱仪，以峰高或峰面积为纵坐标，浓度为横坐标绘制工作曲线。

(6) 试验。

进样：直接进样，进样量 1μL。

记录：以标样核对，记录色谱峰的保留时间及对应的化合物。标准色谱图见图 7.7。

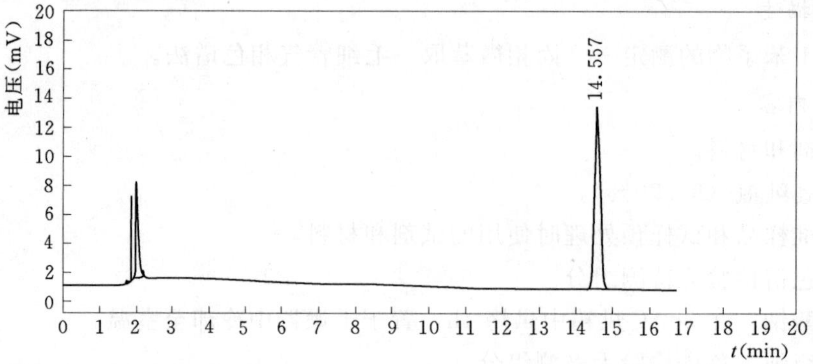

图 7.7　硝基苯标准色谱图

(7) 定性分析。硝基苯保留时间：14.557min。

(8) 定量分析。色谱峰高或峰面积定量，根据色谱峰的峰高或峰面积在工作曲线上查出相应的质量浓度（μg/L）。

(9) 质量检查。测定加硝基苯标准的水样，计算相对标准偏差和回收率应在允许范围内。

思　考　题

1. 为什么溶化后的培养基要冷却至 45℃左右才能倒平板？

2. 要使平板菌落计数和报告准确，需要掌握哪几个关键问题？为什么？

3. 测定菌落总数时用哪种培养基，怎样灭菌？吸管、试管、平皿和锥形瓶应采用什么灭菌方法，灭菌时注意什么？

4. 为什么需要测定水样菌落总数，怎样测定和报告？

5. 大肠菌群乳糖发酵的现象是什么？在伊红亚甲蓝培养基上有什么特征？挑取菌落时应注意什么？

6. 说出革兰染色的步骤。

7. 什么时候使用品红亚硫酸钠培养基，为什么？

8. 滤膜法怎样计算结果？

9. 气相色谱和液相色谱法怎样对有机物进行分析和检测？

10. 说出金属的几种分析方法及其特点。

11. 每种方法需要控制哪些仪器参数而进行测定？

12. 什么是标准加入法和内标法，其定量方法与校正曲线法有什么不同？

13. 怎样开机、调节仪器参数和测量？

14. 色谱仪怎样安装和开机？怎样选择和优化色谱的分离条件与测试条件？怎样定性和定量分析？

15. 请查阅资料说明色谱工作站如何进行定性和定量分析。

学习项目8　实　验　实　训

学习目标：本学习项目中，我们给出了水质监测分析中常用的检测指标的检测方法和操作步骤，同时给出了建议的学习课时量及考核实验实训评分标准供读者参考，希望能够给读者学习带去一定的的帮助，提高读者的动手实践能力。

任务8.1　水中铬的测定

1. 实训课时

3。

2. 实训内容及目的

（1）掌握测定水中铬的方法。

（2）了解水样预处理的方法。

3. 原理

在酸性溶液中，六价铬离子与二苯碳酰二肼反应，生成紫红色化合物，其最大吸收波长为540nm，吸光度与浓度的关系符合比尔定律。如果测定总铬，需先用高锰酸钾将水样中的三价铬氧化为六价，再用本法测定。

4. 仪器与试剂

仪器：

（1）分光光度计，比色皿（1cm、3cm）。

（2）50mL具塞比色管，移液管，容量瓶等。

试剂：

（1）丙酮。

（2）（1+1）硫酸。

（3）（1+1）磷酸。

（4）0.2%（m/V）氢氧化钠溶液。

（5）氢氧化锌共沉淀剂：称取硫酸锌（$ZnSO_4 \cdot 7H_2O$）8g，溶于100mL水中；称取氢氧化钠2.4g，溶于120mL水中。将以上两溶液混合。

（6）4%（阴/y）高锰酸钾溶液。

（7）铬标准贮备液：称取于120℃干燥2h的重铬酸钾（优级纯）0.2829g，用水溶解，移入1000mL容量瓶中，用水稀释至标线，摇匀。每毫升贮备液含0.100pg六价铬。

（8）铬标准使用液：吸取5.00mL铬标准贮备液于500mL容量瓶中，用水稀释至标线，摇匀。每毫升标准使用液含1.00pg六价铬。使用当天配制。

（9）20%（m/y）尿素溶液。

（10）2%（刚/y）亚硝酸钠溶液。

(11) 二苯碳酰二肼溶液：称取二苯碳酰二肼（简称DPC，$C_{13}H_{,}$：N：O）0.2g，溶于50mL丙酮中，加水稀释至100mL，摇匀，贮于棕色瓶内，置于冰箱中保存。颜色变深后不能再用。

5. 测定步骤

(1) 水样预处理。

1) 对不含悬浮物、低色度的清洁地面水，可直接进行测定。

2) 如果水样有色但不深，可进行色度校正。即另取一份试样，加入除显色剂以外的各种试剂，以2mL丙酮代替显色剂，用此溶液为测定试样溶液吸光度的参比溶液。

3) 对浑浊、色度较深的水样，应加入氢氧化锌共沉淀剂并进行过滤处理。

4) 水样中存在次氯酸盐等氧化性物质时，干扰测定，可加入尿素和亚硝酸钠消除。

5) 水样中存在低价铁、亚硫酸盐、硫化物等还原性物质时，可将Cr^{6+}还原为Cr^{3+}。此时，调节水样pH值至8，加入显色剂溶液，放置5min后再酸化显色，并以同法作标准曲线。

(2) 标准曲线的绘制：取9支50mL比色管，依次加入0mL、0.20mL、0.50mL、1.00mL、2.00mL、4.00mL、6.00mL、8.00mL和10.00mL铬标准使用液，用水稀释至标线，加入（1+1）硫酸0.5mL和（1+1）磷酸0.5mL，摇匀。加入2mL显色剂溶液，摇匀。5～10min后，于540nm波长处，用1cm或3cm比色皿，以水为参比，测定吸光度并作空白校正。以吸光度为纵坐标，相应六价铬含量为横坐标绘出标准曲线。

(3) 水样的测定：取适量（含Cr^{6+}少于50μg）无色透明或经预处理的水样于50mL比色管中，用水稀释至标线，测定方法同标准溶液。进行空白校正后根据所测吸光度从标准曲线上查得Cr^{6+}含量。

6. 计算

$$Cr^{6+}(mg/L)=m/V$$

式中：m为从标准曲线上查得的Cr^{6+}量（Pg）；V为水样的体积（mL）。

7. 注意事项

(1) 用于测定铬的玻璃器皿不应用重铬酸钾洗液洗涤。

(2) Cr^{6+}与显色剂的显色反应一般控制酸度在0.05～0.3mol/L（$1/2H_2SO_4$）范围，以0.2mol/L时显色最好。显色前，水样应调至中性。显色温度和放置时间对显色有影响，在15℃时，5～15min颜色即可稳定。

(3) 如测定清洁地面水样，显色剂可按以下方法配制：溶解0.2g二苯碳酰二肼于100mL95%的乙醇中，边搅拌边加入（1+9）硫酸400mL。该溶液在冰箱中可存放一个月。用此显色剂，在显色时直接加入2.5mL即可，不必再加酸。但加入显色剂后，要立即摇匀，以免Cr^{6+}可能被乙酸还原。

8. 考核要求

(1) 标准溶液的配置。

(2) 分光光度计的使用。

(3) 样品的预处理。

9. 考核时间

2h。

10. 评分标准

见表 8.1。

表 8.1　考核表

序号	考核内容	分数	评分标准	考核记录	扣分	得分
1	标准溶液的配置	20	比色管未清洗扣 10 分 移液管使用错误扣 10 分			
2	分光光度计的使用	30	光度计的调零错误扣 10 分 样品的预处理错误扣 10 分			
3	药品的配置	10	药品配置错误扣 10 分			
4	数据的处理	20	数据结果错误扣 10 分			
5	报告的填写	10	填写错误扣 10 分			
6	分数总计	100				

任务 8.2 废水悬浮固体的测定

1. 实训课时

4。

2. 主要内容和目的

(1) 掌握水中悬浮物的测定的方法。

(2) 掌握烘箱、滤膜、分析天平的使用。

3. 原理

悬浮固体系指剩留在滤料上并于 103～105℃烘至恒重的固体。测定的方法是将水样通过滤料后，烘干固体残留物及滤料，将所称重量减去滤料重量，即为悬浮固体（总不可滤残渣）。

4. 仪器

(1) 烘箱。

(2) 分析天平。

(3) 干燥器。

(4) 孔径为 0.45μm 滤膜及相应的滤器或中速定量滤纸。

(5) 玻璃漏斗。

(6) 内径为 30～50mm 称量瓶。

5. 测定步骤

(1) 将滤膜放在称量瓶中，打开瓶盖，在 103～105℃烘干 2h，取出冷却后盖好瓶盖称重，直至恒重（两次取不差 0.0005g）

(2) 去除飘浮物后振荡水样，量取均匀水样（使悬浮物大于 2.5mg），通过上面称至恒重的滤膜过滤；用蒸馏水洗去残渣 3～5 次。如样品中含油脂，用 10mL 石油醚分两次淋洗残渣。

(3) 小心取下滤膜，放入原称量瓶内，在 103～105℃烘箱中，打开瓶盖烘 2h，冷却后盖好盖称重，直至恒重为止。

6. 计算

$$悬浮固体(mg/L)=(A-B)\times 1000\times 1000/V$$

式中：A为悬浮固体＋滤膜及称量瓶重（g）；B为滤膜及称量瓶重（g）；V为水样体积（mL）。

7. 注意事项：

（1）树叶、木棒、水草等杂质应先从水中除去。

（2）废水黏度高时。可加2～4倍蒸馏水稀释，振荡均匀，待沉淀物下降后再过滤。

（3）也可采用石棉坩埚进行过滤。

8. 考核要求

（1）操作的过程。

（2）数据的处理。

9. 考核时间

4h。

10. 配分与评分的标准

见表8.2。

表8.2　　考　核　表

序号	考核内容	分数	评分标准	考核记录	扣分	得分
1	水样过滤	20	取水样错误扣10分 过滤操作错误扣10分			
2	烘箱的正确使用	10	出现错误扣10分 样品的预处理错误扣10分			
3	分析天平的使用	40	使用过程每出现一步错误扣5分，直至扣完为止			
4	数据的处理	20	数据结果错误扣10分			
5	报告的填写	10	填写错误扣10分			
6	分数总计	100				

任务8.3　五日生化需氧量的测定

1. 实训课时

4。

2. 实训内容和目的

（1）熟练掌握氧化还原滴定过程中滴定管的使用。

（2）掌握溶解氧固定过程中药品的添加、移液管的使用。

（3）掌握对于各种不同水质下稀释水的配置。

3. 原理

生化需氧量是指在有溶解的条件下，好氧微生物分解水中有机物的生物化学氧化过程中消耗溶解氧的量。分别测定水样培养前的溶解氧含量和在20±1℃培养5d后的溶解氧含量，二者之差即为五日生化过程所消耗的氧量（BOD_5）。

对于某些地面水及大多数工业废水、生活污水，因含较多的有机物，需要稀释后再培养测定，以降低其浓度，保证降解过程在有足够溶解氧的条件下进行。其具体水样稀释倍数可借助于高锰酸钾指数或化学需氧量（CODcr）推算。

对于不含或少含微生物的工业废水，在测定 BOD_5 时应进行接种，以引入能分解废水中有机物的微生物。当废水中存在难于被一般生活污水中的微生物以正常速度降解的有机物或含有剧毒物质时，应接种经过驯化的微生物。

4. 仪器

（1）恒温培养箱。

（2）5～20L 细口玻璃瓶。

（3）1000～2000mL 量筒。

（4）玻璃搅棒：棒长应比所用量筒高度长 20cm。在棒的底端固定一个直径比量筒直径略小，并带有几个小孔的硬橡胶板。

（5）溶解氧瓶：200～300mL，带有磨口玻璃塞并具有供水封用的钟形口。

（6）虹吸管：供分取水样和添加稀释水用。

5. 试剂

（1）磷酸盐缓冲溶液：将 8.5g 磷酸二氢钾（KH_2PO_4），21.75g 磷酸氢二钾（K_2HPO_4），33.4g 磷酸氢二钠（$Na_2HPO_4 \cdot 7H_2O$）和 1.7g 氯化铵（NH_4Cl）溶于水中，稀释至 1000mL。此溶液的 pH 应为 7.2。

（2）硫酸镁溶液：将 22.5g 硫酸镁（$MgSO_4 \cdot 7H_2O$）溶于水中，稀释至 1000mL。

（3）氯化钙溶液：将 27.5g 无水氯化钙溶于水，稀释至 1000mL。

（4）氯化铁溶液：将 0.25g 氯化铁（$FeCl_3 \cdot 6H_2O$）溶于水，稀释至 1000mL。

（5）盐酸溶液（0.5mol/L）：将 40mL（ρ=1.18g/mL）盐酸溶于水，稀释至 100mL。

（6）氢氧化钠溶液（0.5mol/L）：将 20g 氢氧化钠溶于水，稀释至 1000mL。

（7）亚硫酸钠溶液（$1/2Na_2SO_4$=0.025mol/L）：将 1.575g 亚硫酸钠溶于水，稀释至 1000mL。此溶液不稳定，需每天配制。

（8）葡萄糖-谷氨酸标准溶液：将葡萄糖（$C_6H_{12}O_6$）和谷氨酸（$HOOC-CH_2-CH_2-CHNH_2-COOH$）在 103℃干燥 1h 后，各称取 150mg 溶于水中，移入 1000mL 容量瓶内并稀释至标线，混合均匀。此标准溶液临用前配制。

（9）稀释水：在 5～20L 玻璃瓶内装入一定量的水，控制水温在 20℃左右。然后用无油空气压缩机或薄膜泵，将此水曝气 2～8h，使水中的溶解氧接近于饱和，也可以鼓入适量纯氧。瓶口盖以两层经洗涤晾干的纱布，置于 20℃培养箱中放置数小时；使水中溶解氧含量达 8mg/L 左右。临用前于每升水中加入氯化钙溶液、氯化铁溶液、硫酸镁溶液、磷酸盐缓冲溶液各 lmL，并混合均匀。

稀释水的 pH 值应为 7.2，其 BOD_5 应小于 0.2mg/L。

（10）接种液：可选用以下任一方法，以获得适用的接种液。

1）城市污水，一般采用生活污水，在室温下放置一昼夜，取上层清液供用。

2）表层土壤浸出液，取 100g 花园土壤或植物生长土壤，加入 1L 水，混合并静置 10min，取上清液供用。

3）用含城市污水的河水或湖水。

4）污水处理厂的出水。

当分析含有难于降解物质的废水时，在排污口下游 3～8km 处取水样作为废水的驯化接种液。如无此种水源，可取中和或经适当稀释后的废水进行连续曝气、每天加入少量该种废水，同时加入适量表层土壤或生活污水，使能适应该种废水的微生物大量繁殖。当水中出现大量絮状物，或检查其化学需氧量的降低值出现突变时，表明适用的微生物已进行繁殖，可用作接种液。一般驯化过程需要3～8d。

(11) 接种稀释水：取适量接种液，加于稀释水中，混匀。每升稀释水中接种液加入量生活污水为1～10mL；表层土壤浸出液为20～30mL；河水、湖水为10～100mL。

接种稀释水的pH值应为7.2，BOD_5值以在0.3～1.0mg/L之间为宜。接种稀释水配制后应立即使用。

6. 测定步骤

(1) 水样的预处理。

1) 水样的pH值若超出6.5～7.5范围时，可用盐酸或氢氧化钠稀溶液调节至近于7，但用量不要超过水样体积的0.5%。若水样的酸度或碱度很高，可改用高浓度的碱或酸液进行中和。

2) 水样中含有铜、铅、锌、镉、铬、砷、氰等有毒物质时，可使用经驯化的微生物接种液的稀释水进行稀释，或增大稀释倍数，以减小毒物的浓度。

3) 含有少量游离氯的水样，一般放置1～2h，游离氯即可消失。对于游离氯在短时间不能消散的水样，可加入亚硫酸钠溶液，以除去之。其加入量的计算方法是：取中和好的水样100mL，加入1+1乙酸10mL，10%(m/y)碘化钾溶液lmL，混匀。以淀粉溶液为指示剂，用亚硫酸钠标准溶液滴定游离碘。根据亚硫酸钠标准溶液消耗的体积及其浓度，计算水样中所需加亚硫酸钠溶液的量。

4) 从水温较低的水域中采集的水样，可遇到含有过饱和溶解氧，此时应将水样迅速升温至20℃左右，充分振摇，以赶出过饱和的溶解氧。从水温较高的水域或废水排放口取得的水样，则应迅速使其冷却至20℃左右，并充分振摇，使与空气中氧分压接近平衡。

(2) 水样的测定。

1) 不经稀释水样的测定：溶解氧含量较高、有机物含量较少的地面水，可不经稀释，而直接以虹吸法将约20℃的混匀水样转移至两个溶解氧瓶内，转移过程中应注意不使其产生气泡。以同样的操作使两个溶解氧瓶充满水样，加塞水封。立即测定其中一瓶溶解氧。将另一瓶放入培养箱中，在20±1℃培养5d后，测其溶解氧。

2) 需经稀释水样的测定。稀释倍数的确定：地面水可由测得的高锰酸盐指数乘以适当的系数求出稀释倍数(见表8.3)。

表8.3 **稀释倍数表**

高锰酸钾指数(mg/L)	系　数	高锰酸钾指数(mg/L)	系　数
<5		10～20	0.4　0.6
5～10	0.2　0.3	>20	0.5　0.7　1.0

工业废水可由重铬酸钾法测得的COD值确定。通常需作三个稀释比，即使用稀释水时，由COD值分别乘以系数0.075、0.15、0.225，即获得三个稀释倍数；使用接种稀释水时，则分别乘以0.075、0.15和0.25，获得三个稀释倍数。稀释倍数确定后按下法之

一测定水样。

a. 一般稀释法：按照选定的稀释比例，用虹吸法沿筒壁先引入部分稀释水（或接稀释水）于 1000mL 量筒中，加入需要量的均匀水样，再引入稀释水（或接种稀释水）至 800mL，用带胶板的玻璃棒小心上下搅匀。搅拌时勿使搅棒的胶板露出水面，防止产生气泡。按不经稀释水样的测定步骤，进行装瓶，测定当天溶解氧和培养 5d 后的溶解氧含量。另取两个溶解氧瓶，用虹吸法装满稀释水（或接种稀释水）作为空白，分别测定 5d 前后的溶解氧含量。

b. 直接稀释法：直接稀释法是在溶解氧瓶内直接稀释。在已知两个容积相同（其差小于 lmL）的溶解氧瓶内，用虹吸法加入部分稀释水（或接种稀释水），再加入根据瓶容积和稀释比例计算出的水样量，然后引入稀释水（或接种稀释水）至刚好充满，加塞，勿留气泡于瓶内。其余操作与上述稀释法相同。

在 BOD_5 测定中，一般采用叠氮化钠改良法测定溶解氧。如遇干扰物质，应根据具体情况采用其他测定法。

7. 计算

（1）不经稀释直接培养的水样。

$$BOD_5(mg/L)=C_1-C_2$$

式中：C_1 为水样在培养前的溶解氧浓度（mg/L）；C_2 为水样经 5d 培养后，剩余溶解氧浓度（mg/L）。

（2）经稀释后培养的水样

$$BOD_5(mg/L)=[(C_1-C_2)-(B_1-B_2)f_1]/f_2$$

式中：B_1 为稀释水（或接种稀释水）在培养前的溶解氧浓度（mg/L）；B_2 为稀释水（或接种稀释水）在培养后的溶解氧浓度（mg/L）；f_1 为稀释水（或接种稀释水）在培养液中所占比例；f_2 为水样在培养液中所占比例。

8. 注意事项

（1）测定一般水样的 BOD_5 时，硝化作用很不明显或根本不发生。但对于生物处理池出水，则含有大量硝化细菌。因此，在测定 BOD_5 时也包括了部分含氮化合物的需氧量。对于这种水样，如只需测定有机物的需氧量，应加入硝化抑制剂，如丙烯基硫脲（ATU，$C_4H_8N_2S$）等。

（2）在两个或三个稀释比的样品中，凡消耗溶解氧大于 2mg/L 和剩余溶解氧大于 lmg/L 都有效，计算结果时，应取平均值。

（3）为检查稀释水和接种液的质量，以及化验人员的操作技术，可将 20mL 葡萄糖-谷氨酸标准溶液用接种稀释水稀释至 1000mL，测其 BOD_5，其结果应为 180～230mg/L。否则，应检查接种液、稀释水或操作技术是否存在问题。

9. 考核要求

（1）各种实验操作过程。

（2）口述实验的原理和方法。

10. 考核时间

4h。

11. 配分、评分标准

见表 8.4。

表 8.4 考 核 表

序号	考核内容	分数	评分标准	考核记录	扣分	得分
1	稀释水的配置	20	蒸馏水未曝气扣 10 分 药品加入错误扣 10 分			
2	滴定管的使用	10	操作错误扣 10 分 滴定终点错误扣 10 分			
3	溶解氧的测定	40	使用过程每出现一步错误扣 5 分，直至扣完为止			
4	数据的处理	10	数据结果错误扣 10 分			
5	报告的填写	10	填写错误扣 10 分			
6	分数总计	100				

任务 8.4 化学需氧量的测定

1. 实训课时

4。

2. 主要内容及目的

(1) 掌握蒸馏冷凝回流装置的使用。

(2) 掌握硫酸亚铁铵的标定。

(3) 练习使用滴定管。

3. 原理

在强酸性溶液中，准确加入过量的重铬酸钾标准溶液，加热回流，将水样中还原性物质（主要是有机物）氧化，过量的重铬酸钾以试亚铁灵作指示剂，用硫酸亚铁铵标准溶液回滴，根据所消耗的重铬酸钾标准溶液量计算水样化学需氧量。

4. 仪器

(1) 500mL 全玻璃回流装置。

(2) 加热装置（电炉）。

(3) 25mL 或 50mL 酸式滴定管、锥形瓶、移液管、容量瓶等。

5. 试剂

(1) 重铬酸钾标准溶液（$Cl/6K_2Cr_2O_7=0.2500$mol/L）；称取预先在 120℃ 烘干 2h 的基准或优质纯重铬酸钾 12.258g 溶于水中，移入 1000mL 容量瓶，稀释至标线，摇匀。

(2) 试亚铁灵指示液：称取 1.485g 邻菲啰啉、0.695g 硫酸亚铁溶于水中，稀释至 100mL，贮于棕色瓶内。

(3) 硫酸亚铁铵标准溶液：称取 39.5g 硫酸亚铁铵溶于水中，边搅拌边缓慢加入 20mL 浓硫酸，冷却后移入 1000mL 容量瓶中，加水稀释至标线，摇匀。临用前，用重铬酸钾标准溶液标定。

标定方法：准确吸取10.00mL重铬酸钾标准溶液于500mL锥形瓶中，加水稀释至110mL左右，缓慢加入30mL浓硫酸，混匀。冷却后，加入3滴试亚铁灵指示液（约0.15mL），用硫酸亚铁铵溶液滴定，溶液的颜色由黄色经蓝绿色至红褐色即为终点。

$$c=0.2500\times 10.00/V$$

式中：c为硫酸亚铁铵标准溶液的浓度（mol/L）；V为硫酸亚铁铵标准溶液的用量（mL）。

（4）硫酸—硫酸银溶液：于500mL浓硫酸中加入5g硫酸银。放置1～2d，不时摇动使其溶解。

（5）硫酸汞：结晶或粉末。

6. 测定步骤

（1）取20.00mL混合均匀的水样（或适量水样稀释至20.00mL）置于250mL磨口的回流锥形瓶中，准确加入10.00mL重铬酸钾标准溶液及数粒小玻璃珠或沸石，连接磨口回流冷凝管，从冷凝管上口慢慢地加入30mL硫酸-硫酸银溶液，轻轻摇动锥形瓶使溶液混匀，加热回流2h（自开始沸腾时计时）。

对于化学需氧量高的废水样，可先取上述操作所需体积1/10的废水样和试剂于15mm×150mm硬质玻璃试管中，摇匀，加热后观察是否成绿色。如溶液显绿色，再适当减少废水取样量，直至溶液不变绿色为止，从而确定废水样分析时应取用的体积。稀释时，所取废水样量不得少于5mL，如果化学需氧量很高，则废水样应多次稀释。废水中氯离子含量超过30mg/L时，应先把0.4g硫酸汞加入回流锥形瓶中，再加20.00mL废水（或适量废水稀释至20.00mL），摇匀。

（2）冷却后，用90mL水冲洗冷凝管壁，取下锥形瓶。溶液总体积不得少于140mL，否则因酸度太大，滴定终点不明显。

（3）溶液再度冷却后，加3滴试亚铁灵指示液，用硫酸亚铁铵标准溶液滴定，溶液的颜色由黄色经蓝绿色至红褐色即为终点，记录硫酸亚铁铵标准溶液的用量。

（4）测定水样的同时，取20.00mL重蒸馏水，按同样操作步骤作空白试验。记录滴定空白时硫酸亚铁铵标准溶液的用量。

7. 计算

$$\mathrm{COD}(O_2,\mathrm{mg/L})=(V_0-V_1)c\times 8\times 1000/V$$

式中：c为硫酸亚铁铵标准溶液的浓度（mol/L）；V_0为滴定空白时硫酸亚铁铵标准溶液用量（mL）；V_1为滴定水样时硫酸亚铁铵标准溶液的用量（mL）；V为水样的体积（mL）；8为氧（1/20）摩尔质量（g/mol）。

8. 注意事项

（1）使用0.4g硫酸汞络合氯离子的最高量可达40mg，如取用20.00mL水样，即最高可络合2000mg/L氯离子浓度的水样。若氯离子的浓度较低，也可少加硫酸汞，使保持硫酸汞：氯离子=10∶1（W/W）。若出现少量氯化汞沉淀，并不影响测定。

（2）水样取用体积可在10.00～50.00mL范围内，但试剂用量及浓度需按表8.5进行相应调整，也可得到满意的结果。

表 8.5 水样取用量和试剂用量表

水样体积 (mL)	0.2500mol/L $K_2Cr_2O_7$ 溶液 (mL)	$H_2SO_4-Ag_2SO_4$ 溶液 (mL)	$HgSO_4$ (g)	[$(NH_4)_2Fe(SO_4)_2$] (mol/L)	滴定前总体积 (mL)
10.0	5.0	15	0.2	0.050	70
20.0	10.0	30	0.4	0.100	140
30.0	15.0	45	0.6	0.150	210
40.0	20.0	60	0.8	0.200	280
50.0	25.0	75	1.0	0.250	350

(3) 对于化学需氧量小于 50mg/L 的水样，应改用 0.0250mol/L 重铬酸钾标准溶液。回滴时用 0.01mol/L 硫酸亚铁铵标准溶液。

(4) 水样加热回流后，溶液中重铬酸钾剩余量应为加入量的 1/5～4/5 为宜。

(5) 用邻苯二甲酸氢钾标准溶液检查试剂的质量和操作技术时，由于每克邻苯二甲酸氢钾的理论 COD 为 1.176g，所以溶解 0.4251g 邻苯二甲酸氢钾于重蒸馏水中，转入 1000mL 容量瓶，用重蒸馏水稀释至标线，使之成为 500mg/L 的 CODcr 标准溶液。用时新配。

(6) COD 的测定结果应保留三位有效数字。

(7) 每次实验时，应对硫酸亚铁铵标准滴定溶液进行标定，室温较高时尤其注意其浓度。

9. 考核要求

(1) 硫酸亚铁铵溶液的标定。

(2) 滴定管的使用。

(3) 样品的预处理。

10. 考核时间

3h。

11. 配分、评分标准

见表 8.6。

表 8.6 考 核 表

序号	考核内容	分数	评分标准	考核记录	扣分	得分
1	标准溶液的配置	20	容量瓶未清洗扣 10 分 溶液定容错误扣 10 分			
2	样品的预处理	10	操作错误扣 10 分			
3	样品的蒸馏	30	样品加入错误扣 10 分 样品蒸馏过程中出现错误一次扣 2 分			
4	溶液的滴定	10	滴定超过终点一次扣 5 分			
5	数据的处理	20	数据结果错误扣 10 分			
6	报告的填写	10	填写错误扣 10 分			
7	分数总计	100				

任务8.5 水中酸度的测定

1. 实训课时

4。

2. 主要内容及目的

地表水中，由于溶入CO_2或由于机械、选矿、电镀、农药、印染、化工等行业排放的含酸废水的进入，致使水体的PH值降低。由于酸的腐蚀性，破坏了鱼类及其他水生生物和农作物的正常生存条件，造成鱼类及农作物等死亡。含酸废水可腐蚀管道，破坏建筑物。

因此，酸度是衡量水体变化的一项重要指标。

(1) 掌握酸碱指示剂滴定方法。

(2) 练习使用滴定管。

3. 原理

在水中，由于溶质的解离或水解（无机酸类，硫酸亚铁和硫酸铝等）而产生的氢离子，与碱标准溶液作用至一定pH值所消耗的量，定为酸度。酸度数值的大小，随所用指示剂指示终点pH值的不同而异。滴定终点的pH值有两种规定，即8.3和3.7用氢氧化钠溶液滴定到pH8.3［以酚酞作指示剂］的酸度，称为“酚酞酸度”。又称总酸度，它包括强酸和弱酸。用氢氧化钠溶液淌定到pH3.7（以甲基橙为指示剂）的酸度，称为“甲基橙酸度”，代表一些较强的酸。

4. 干扰及消除

(1) 对酸度产生影响的溶解气体（如CO_2，H_2S，NH_3），在取样、保存或滴定时，都可能增加或损失。因此，在打开试样容器后要迅速滴定到终点，防止干扰气体溶入试样。为了防止CO_2等溶解气体损失，在采样后，要避免剧烈摇动，并要尽快分析，否则要在低温下保存。

(2) 含有三价铁和二价铁、锰、铝等可氧化或易水解的离子时，在常温滴定时的反应速率很慢，且生成沉淀，导致终点时指示剂褪色。遇此情况，应在加热后进行滴定。

(3) 水样中的游离氯会使甲基橙指示剂褪色，可在滴定前加入少量0.1mol/L硫代硫酸钠溶液去除。

(4) 对有色的或浑浊的水样，可用无二氧化碳水稀释后滴定，或选用电位滴定法（pH指示终点值仍为8.3和3.7），其操作步骤按所用仪器说明进行。

5. 仪器

(1) 25mL和50mL碱式滴定管。

(2) 250mL锥形瓶。

6. 试剂

(1) 无二氧化碳水：将pH值不低于6.0的蒸馏水，煮沸15min，加盖冷却至室温。如蒸馏水pH较低，可适当延长煮沸时间；最后水的pH≥6.0。

(2) 氢氧化钠标准溶液（0.1mol/L）：称取60g氢氧化钠溶于50mL水中，转入150mL的聚乙烯瓶中，冷却后，用装有碱石灰竹的橡皮塞塞紧，静置24h以上。吸取上层清液约7.5mL置于1000mL容量瓶中，用无二氧化碳水稀释至标线，摇匀，移入聚乙烯瓶中保存。按下述方法进行标定：称取在105～110℃干燥过的基准试剂级苯二甲酸氢钾（$KHC_8H_8O_4$）约0.5g（称准至0.0001g）置于250mL锥形瓶中，加无二氧化碳水100mL使之溶解，加入4滴酚酞指示剂，用待标定的氢氧化钠标准溶液滴定至浅红色为终点。同时用无二氧化碳水做空白滴定，按下式进行计算：

$$\text{氢氧化钠标准溶液浓度(mol/L)}=m\times1000/(V_1-V_0)\times204.23$$

式中：m为称取苯川酸氢钾的质量（g）；V_0为滴定空白时，所耗氢氧化钠标准溶液体积（mL）；V_1为滴定苯二甲酸氢钾时，所耗氢氧化钠标准溶液的体积；204.23为一苯二甲酸氢钾（KHC_8H_8O）摩尔质量（g/mol）。

（3）0.0200mol/L氢氧化钠标准溶液：吸取一定体积已标定过的0.1mol/L氢氧化钠溶液，用无二氧化碳水稀释至0.0200mol/L，贮于聚乙烯瓶中保存。

（4）酚酞指示剂：称取0.5g酚酞，溶于50mL 95%乙醇中，用水稀释至100mL。

（5）甲基橙指是试剂：称取0.05g甲基橙，溶于100mL水中。

（6）硫代硫酸钠标准溶液（$Na_2S_2O_3\cdot5H_2O$，0.1mol/L）：称取2.5g$Na_2S_2O_3\cdot5H_2O$溶于水中，用无二氧化碳水稀释至100ml。

7. 步骤

（1）取适量水样置于25mL锥形瓶中，用无二氧化碳水稀释至100mL，瓶下放一白瓷板。

向锥形瓶中加入2滴甲基橙指示剂，用上述氢氧化钠标准溶液滴定至溶液由橙红色变为桔黄色为终点，记录氢氧化钠标准溶液用量（V_1）。

（2）另取一份水样于250mL锥形瓶中，用无二氧化碳水稀释至100mL，加入4滴酚酞指示剂，用氢氧化钠标准溶液滴定至溶液刚变为浅红色为终点，记录用量（V_2）。

如水样中含硫酸铁、硫酸铝时。加酚酞后加热煮沸2min，趁热滴至红色。

8. 计算

$$\text{甲基橙酸度}(CaCO_3,\text{mg/L})=M\times V_1\times50.05\times1000/V$$

$$\text{酚酞酸度(总酸度}\ CaCO_3,\text{mg/L})=M\times V_2\times50.05\times1000/V$$

式中：M为标准氢氧化钠溶液浓度（mol/L）；V_1为用甲基橙作滴定指示剂时，消耗氢氧化钠标准溶液的体积（mL）；V_2为用酚酞作滴定指示剂时，消耗氢氧化钠标准溶液的体积（mL）；V为水样体积（mL）；50.05为碳酸钙（$1/2CaCO_3$）摩尔质量（g/mol）。

9. 注意事项

（1）水样取用体积，参考滴定时所耗氢氧化钠标准溶液用量，在10～25mL之间为宜。

（2）采集的样品用聚乙烯瓶或硅硼玻璃瓶贮存，并要使水样充满不留空间，盖紧瓶盖。若为废水样品，接触空气易引起微生物活动，容易减少或增加二氧化碳及其他气体，最好在1d之内分析完毕。对生物活动明显的水样，应在6h内分析完。

10. 考核要求

（1）溶液的标定。

（2）滴定管的使用。

11. 考核时间

3h。

12. 配分、评分标准

见表 8.7。

表 8.7　　考　核　表

序号	考核内容	分数	评分标准	考核记录	扣分	得分
1	标准溶液的配置	20	容量瓶未清洗扣 10 分 溶液定容错误扣 10 分			
2	样品的预处理	10	操作错误扣 10 分			
3	样品的滴定	40	指示剂加入错误扣 10 分滴定过程中出现错误一次扣 5 分			
4	数据的处理	20	数据结果错误扣 10 分			
5	报告的填写	10	填写错误扣 10 分			
6	分数总计	100				

任务 8.6　水质总磷的测定钼酸铵分光光度法

1. 实训课时

3。

2. 实训内容及目的

(1) 掌握测定水中总磷的方法。

(2) 了解水样预处理的方法。

3. 原理

在中性条件下用过硫酸钾（或硝酸-高氯酸）使试样消解，将所含磷全部氧化为正磷酸盐。在酸性介质中，正磷酸盐与钼酸铵反应，在锑盐存在下生成磷钼杂多酸后，立即被抗坏血酸还原，生成蓝色的络合物。

4. 试剂

(1) 硫酸（H_2SO_4），密度为 1.84g/mL。

(2) 硝酸（HNO_3），密度为，1.4g/mL。

(3) 高氯酸（$HClO_4$），优级纯，密度为 1.68g/mL。

(4) 硫酸（H_2SO_4），1+1。

(5) 硫酸，约 $c(0.5H_2SO_4)$ =1mol/L：将 27mL 硫酸（2+1）加入到 973mL 水中。

(6) 氢氧化钠（NaOH），1mol/L 溶液：将 40g 氢氧化钠溶于水并稀释至 1000mL。

(7) 氢氧化钠（NaOH），6mol/L 溶液：将 240g 氢氧化钠溶于水并稀释至 1000mL。

(8) 过硫酸钾，50g/L 溶液：将 5g 过硫酸钾（$K_2S_2O_8$）溶解于水，并稀释至100mL。

(9) 抗坏血酸，100g/L溶液：溶解10g抗坏血酸（$C_6H_8O_6$）于水中，并稀释至100mL。

此溶液贮于棕色的试剂瓶中，在冷处可稳定几周。如不变色可长时间使用。

(10) 钼酸盐溶液：溶解13g钼酸铵［$(NH_4)_6MO_7O_{24}\cdot 4H20$］于100mL水中。溶解0.35g酒石酸锑钾［$KSbC_4H_4O_7\cdot 0.5H_2O$］于100mL水中。在不断搅拌下把钼酸铵溶液徐徐加到300mL硫酸中，加酒石酸锑钾溶液并且混合均匀。此溶液贮存于棕色试剂瓶中，在冷处可保存2个月。

(11) 浊度-色度补偿液：混合两个体积硫酸和一个体积抗坏血酸溶液。使用当天配制。

(12) 磷标准贮备溶液.：称取0.2197±0.001g，于110℃干燥2h在干燥器中放冷的磷酸二氢钾（KH_2PO_4），用水溶解后转移至1000mL容量瓶中，加入大约800mL水，加5mL硫酸用水稀释至标线并混匀。1.00mL此标准溶液含50.0μg磷。本溶液在玻璃瓶中可贮存至少6个月。

(13) 磷标准使用溶液：将10.0mL的磷标准溶液转移至250mL容量瓶中，用水稀释至标线并混匀。1.00mL此标准溶液含2.0μg磷。使用当天配制。

(14) 酚酞，10g/L溶液：0.5g酚酞溶于50mL95%乙醇中。

5. 仪器

实验室室常用仪器设备和下列仪器。

(1) 医用手提式蒸汽消毒器或一般压力锅（1.1～1.4kg/cm^2）。

(2) 50mL具塞（磨口）刻度管。

(3) 分光光度计。

6. 采样和样品

(1) 采取500mL水样后加入1mL硫酸调节样品的pH值，使之低于或等于1，或不加任何试剂于冷处保存。

注：含磷量较少的水样，不要用塑料瓶采样，因易磷酸盐吸附在塑料瓶壁上。

(2) 试样的制备：取25mL样品于具塞刻度管中。取时应仔细摇匀，以得到溶解部分和悬浮部分均具有代表性的试样。如样品中含磷浓度较高，试样体积可以减少。

7. 分析步骤

(1) 空白试样。进行空白试验，用水代替试样，并加入与测定时相同体积的试剂。

(2) 测定。

1) 消解

a. 过硫酸钾消解：向试样中加4mL过硫酸钾，将具塞刻度管的盖塞紧后，用一小块布和线将玻璃塞扎紧（或用其它方法固定），放在大烧杯中置于高压蒸汽消毒器中加热，待压力达1.1kg/cm^2，相应温度为120℃时，保持30mim后停止加热。待压力表读数降至零后，取出放冷。然后用水稀释至标线。

注：如果硫酸保存水样。当用过硫酸钾消解时，需先将试样调至中性。

b. 硝酸-高氯酸消解：取25mL试样于锥形瓶中，加数粒玻璃珠，加2mL硝酸在电极板上加热浓缩至 10mL。冷后加 5mL 硝酸，再加热浓缩至 10mL，放冷。加 3mL 高氯酸加热至高氯酸冒白烟，此时可在锥形瓶上加小漏斗或调节电热板温度，使消解液在锥形瓶内壁保持回流状态，直至剩下 3～4mL，放冷。

加水 10mL，加 1 滴酚酞指示剂。滴加氢氧化钠溶液至刚呈微红色，再滴加硫酸溶液使微红刚好退去，充分混匀。移至具塞刻度管中，用水稀释至标线。

2）发色。分别向各份消解液中加入 1mL 抗坏血酸溶液混匀，30s 后加 2mL 钼酸盐溶液充分混匀。室温下放置 15min 后，使用光程为 30mm 比色皿，在 700nm 波长下，以水作参比，测定吸光度。扣除空白试验的吸光度后，从工作曲线上查得磷的含量。

注：如显色时室温低于 13℃，可在 20～30℃水浴上显色 15min 即可。

3）分光光度测量。

4）工作曲线的绘制。取 7 支具塞刻度管分别加入 0.0mL、0.50mL、1.00mL、3.00mL、5.00mL、10.0mL、15.0mL 磷酸盐标准溶液。加水至 25mL。以水做参比，测定吸光度。扣除空白试验的吸光度后，和对应的磷的含量绘制工作曲线。

8. 结果的表示

总磷含量以 C(mg/L) 表示，按下式计算：

$$C=m/V$$

式中：m 为试样测得含磷量（μg）；V 为测定用试样体积（mL）。

9. 注意事项

（1）用硝酸-高氯酸消解需要在通风橱中进行。高氯酸和有机物的混合物经加热易发生危险，需将试样先解，然后再加入硝酸-高氯酸进行消解。

（2）绝不可把消解的试样蒸干。

（3）如消解后有残渣时，用滤纸过滤于具塞刻度管中，并用水充分清洗锥形瓶及滤纸，一并移到具塞刻。

（4）水样中的有机物用过硫酸钾氧化不能完全破坏时，可用此法消解。

（5）如试样中含有浊度或色度时，需配制一个空白试样（消解后用水稀释至标线），然后向试料中加入 3mL 浊度色度补偿液，但不加抗坏血酸溶液和钼酸盐溶液。然后从试料的吸光度中扣除空白试料的吸光度。

（6）砷大于 2mg/L 干扰测定，用硫代硫酸钠去除。硫化物大于 2mg/L 干扰测定，通氮气去除。铬大于 50mg/L 干扰测定，用亚硫酸钠去除。

10. 考核要求

（1）实验的基本操作过程。

（2）分光光度计的使用。

（3）实验的基本原理和注意事项。

11. 考核时间

3h。

12. 配分、评分标准

见表 8.8。

表 8.8　考 核 表

序号	考核内容	分数	评分标准	考核记录	扣分	得分
1	标准溶液的测定	30	比色皿未清洗扣10分 分光光度计使用错误扣10分			
2	样品的制备	40	预处理错误扣10分 样品的测定错误扣10分			
3	标准曲线的绘制	10	标准曲线的绘制出现错误一次扣2分，扣完为止			
4	数据的处理	10	数据结果错误扣10分			
5	报告的填写	10	填写错误扣10分			
6	分数总计	100				

任务8.7 水中总氮的测定

1. 实训学时

4。

2. 主要内容和目的

大量生活污水、农田排水或含氮工业废水排入水体，使水中有机氮和各种无机氮化物含量增加，生物和微生物类的大量繁殖，消耗水中溶解氧，使水体质量恶化。湖泊、水库中含有超标的氮、磷类物质时，造成浮游植物繁殖旺盛，出现富营养化状态。因此，总氮是衡量水质的重要指标之一。

(1) 掌握总氮的测定方法。

(2) 掌握紫外分光光度计的分析方法。

3. 原理

总氮测定方法通常采用过硫酸钾氧化，使有机氮和无机氮化合物转变为硝酸盐后，再以紫外法、偶氮比色法，以及离子色谱法或气相分了吸收法进行测定。水样采集后，用硫酸酸化到 $pH<2$，在 24h 内进行测定。

过硫酸钾氧化紫外分光光度法（A）原理：在 60℃以上的水溶液中，过硫酸钾按如下反应式分解，生成氢离子和氧。

$K_2S_2O_8+H_2O \rightarrow 2KHSO_4+1/2O_2$

$KHSO_4 \rightarrow K++HSO_4^-$

$HSO_4^- \rightarrow H^+ + SO_4^{2-}$

加入氢氧化钠用以中和氢离子，使过硫酸钾分解完全。

在 120～124℃的碱性介质条件下，用过硫酸钾作氧化剂，不仅可将水样中的氨氮和亚硝酸盐氮氧化为硝酸盐，同时将水样中大部分有机氮化合物氧化为硝酸盐。而后，用紫外分光光度法分别于波长 220nm 与 275nm 处测定其吸光度，按 $A=A_{220}-2A_{275}$ 计算硝酸盐氮的吸光度值，从而计算总氮的含量。其摩尔吸光系数为 1.47×103L/(mol·cm)。

4. 干扰及消除

(1) 水样中含有六价铬离子及三价铁离子时，可加入 5%盐酸羟胺溶液 1～2mL 以消除其对测定的影响。

(2) 碘离子及溴离子对测定有干扰。测定 20μg 硝酸盐氮时，碘离子含量相对于总氮含量的 0.2 倍时无干扰；溴离子含量相对于总氮含量的 3.4 倍时无干扰。

(3) 碳酸盐及碳酸氢盐对测定的影响，在加入一定量的盐酸后可消除。

(4) 硫酸盐及氯化物对测定无影响。

5. 方法的适用范围

该法主要适用于湖泊、水库、江河水中总氮的测定。方法检测下限为 0.05mg/L；测定上限为 4mg/L。

6. 仪器

(1) 紫外分光光度计。

(2) 压力蒸汽消毒器或民用压力锅，压力为 1.1～1.3kg/cm^2，相应温度为 120～124℃。

(3) 25mL 具塞玻璃磨口比色管。

7. 试剂

(1) 无氨水：每升水中加入 0.1mL 浓硫酸，蒸馏。收集馏出液于玻璃容器中或用新制的去离子水。

(2) 20%氧化钠溶液：称取 20g 氢氧化钠，溶于无氨水中，稀释至 100mL。

(3) 碱性过硫酸钾溶液：称取 40g 过硫酸钾 ($K_2S_2O_8$)，15g 氢氧化钠，溶于无氨水中稀释至 1000mL。溶液存放在聚乙烯瓶内，可贮存一周。

(4) (1+9) 盐酸。

(5) 硝酸钾标准溶液：

1) 标准贮备液：称取 0.7218g 经 105～110℃烘干 4h 的优级纯硝酸钾 (KNO_3) 溶于无氨水中，移至 1000mL 容量瓶中定容。此溶液每毫升含 100μg 硝酸盐氮。加入 2mL 二氯甲烷为保护剂，至少可稳定 6 个月.

2) 硝酸钾标准使用液：将贮备液用无氨水稀释 10 倍而得。此溶液每毫升含 10μg 硝酸盐氮。

8. 步骤

(1) 校准曲线的绘制。

1) 分别吸取 0、0.50、1.00、2.00、3.00、5.00、7.00、8.00 硝酸钾标准使用溶液于 25mL 比色管中。用无氨水稀释至 10mL 标线。

2) 加入 5mL 碱性过硫酸钾溶液，塞紧磨口塞，用纱布及纱绳裹紧管塞，以防迸溅出。

3) 将比色终置于压力蒸汽消毒器中，加热 0.5h，放气使压力指针回零。然后升温全 120～124℃开始计时（或将比色管置于民用压力锅中，加热至顶压两吹气开始计时）。使比色管在过热水蒸气中加热 0.5h。

4) 自然冷却，开阀放气，移去外盖，取出比色管并冷至室温。

5) 加入 (1+9) 盐酸 1mL，用无氨水稀释至 25mL 标线。

6) 在紫外分光光度计上，以无氨水作参比，用 10mm 石英比色皿分别在 220nm 及 275nm 波长处测定吸光度。用校正的吸光度绘制校准曲线。

（2）样品测定步骤

取10mL水样或取适量水样（使氮含量为20～80μg）按校准曲线绘制步骤2)～6）操作。然后按校正吸光度，在校准曲线上查出相应的总氮量，再用下列公式计算总氮含量。

$$总氮(mg/L)=m/V$$

式中：m为从校准曲线上查得的含氮量，μg；V为所取水样体积，mL。

9. 精密度和准确度

（1）21个实验室对三种含总氮1.15～2.64mg/L的统一样品进行了测定，室内相对标准偏差为1.6%～2.5%；室间相对标准偏差为1.9%～4.9%。

（2）21个实验室，共测定64种水样（水库、湖水、河水等地表水55种，井水2种，废水7种）。每种水样重复测定六次。相对标准偏差一般小于5%，最大为7%；平均回收率在95%～105%之间，仅两种水样回收率为90%。

10. 注意事项

（1）参考吸光度比值$A_{275}/A_{220}\times100\%$大于20%时，应予鉴别。

（2）玻璃具塞比色管的密合性应良好。使用压力蒸汽消毒器时，冷却后放气要缓慢；使用民用压力锅时，要充分冷却方可揭开锅盖，以免比色管塞蹦出。

（3）玻璃器皿可用10%盐酸浸洗，用蒸馏水冲洗后再用无氨水冲洗。

（4）使用高压蒸汽消毒器时，应定期校核压力表；使用民用压力锅时，应检查橡胶密封圈，使不致漏气而减压。

（5）测定悬浮物较多的水样时，在过硫酸钾氧化后可能出现沉淀。遇此情况，可吸取氧化后的上清液进行紫外分光光度法测定。

11. 考核要求

12. 配分、评分标准

见表8.9。

表8.9　　考 核 表

序号	考核内容	分数	评分标准	考核记录	扣分	得分
1	无氨水的制备	10	出现一次操作错误扣2分			
2	分光光度计的使用	40	出现一次操作错误扣5分			
3	样品的测定	30	出现一次操作错误扣5分			
4	数据的处理	10	数据结果错误扣10分			
5	报告的填写	10	填写错误扣10分			
6	分数总计	100				

任务8.8　水中氧化还原电位的测定

1. 实训学时

3。

2. 主要内容和目的

（1）掌握氧化还原电位的测定原理和方法。

（2）掌握饱和甘汞电极的使用方法。

3. 原理

对于只有一个氧化还原电对的体系，其氧化还原反应可表示为：

$$Red \rightarrow Ox + ne$$

还原态氧化态电子

该体系的氧化还原电位可用能斯特方程式表示。

$$E = E_0 + RT/nF \ln[Ox]/[Red]$$

式中：E_0 为标准氧化还原电位；n 为参加反应的电子数；R 为气体常数；T 为绝对温度（K）；F 为法拉第常数。

由能斯特方程式可知，该体系的氧化还原电位 E 和以下因素有关：

（1）氧化还原电对的性质 E_0。

（2）氧化态和还原态的浓度。

（3）参加反应的电子数。

（4）体系的温度。

（5）若该氧化还原反应涉及到 H＋或 OK－参加，则氧化还原电位还和体系的酸碱度有关。

但是对于一个水体来说，往往存在着多个氧化还原电对，是一个相当复杂的体系，其氧化还原电位则是多个氧化物质与还原物质发生氧化还原的综合结果（可能已达到平衡，也可能尚未达到平衡）。它的氧化还原电位虽不能作为某种氧化物质与还原物质浓度的指标，但能帮助我们了解水体可能存在什么样的氧化物质或还原物质及其存在量，是水体综合性指标之一。

水体的氧化还原电位必须在现场测定。方法是用贵金属（如铂）作指示电极、饱和甘汞电极作参比电极，测定相对于甘汞电极的氧化还原电位值。然后再换算成相对十标准氢电极的氧化还原电位值作为测量结果。

4. 仪器

（1）毫伏计或通用 pH 刻计。

（2）铂电极。

（3）饱和甘汞电极或银-氯化银电极。

（4）温度计。

（5）1000mL 棕色广口瓶。

5. 试剂

（1）纯水：本方法所用去离子水电导率要求小于 2Us/cm。在配制标准溶液前，应将去离子水煮沸数分钟，以驱除水中的二氧化碳，密塞冷却。

（2）硫酸亚铁铵-硫酸高铁铵标准溶液：溶解 39.21g 硫酸亚铁铵和 48.22g 硫酸高铁铵与适量水中，缓缓加入 56.2mL 浓硫酸，用纯水定容至 1000mL，贮于玻璃或聚乙烯瓶中。此溶液在 25℃时的氧化还原电位为＋430mV。

（3）硝酸溶液：（1＋1）。

（4）硫酸溶液（3＋97）。

6. 步骤

(1) 铂电极的检查和校正。

以铂电极为指示电极，连接仪器正极；以饱和甘汞电极为参比电极，连接仪器负极。将两电极抽入具有固定电位的标准溶液中，其电位值应与标准值相符。如抽入硫酸亚铁铵—硫酸高铁按标准溶液中，25℃时的氧化还原电位为+430mV。

如实测结果与标准电位值相差大于±10mV，则铂电极需重新净化或更换。净化可用下法之一。

1) 用(1+1)硝酸溶液清洗：将电极置于(1+1)硝酸溶液中，缓缓加热至近沸并保持5min。冷却后，将电极取出，用纯水洗净。

2) 将电极浸入(3+97)硫酸溶液中，使该电极与1.5V干电池正极相接，干电池负极与另一支铂电极相接。保持5~8min，将与电池正极相接的铂电极取出，用纯水洗净。

(2) 净化后电极重新用标准溶液检验，直至合格为止，用纯水洗净备用。A测量氧化还原电位的装置。

1) 取洁净的500mL棕色广口瓶一个，用橡皮塞塞紧瓶口，其上打有五个孔，分别插入铂电极、饱和甘汞(或氯化银)电极、温度计及两支玻璃管。其中两支玻璃管分别供进水和出水用。参比电极的试剂添加口应在瓶塞以上，以免参比电极内进水样，而且添加试剂也较方便。电极插入瓶中间位置，不能触及瓶底。电极与仪器接好。

2) 用大塑料桶在现场采集水样，应立即盖紧桶盖，其上开一小孔，插入橡皮管。用虹吸法将水样不断送入测量用广口瓶中，在水流动的情况下，按仪器使用说明进行测定。

7. 计算

水样的氧化还原电位(E_n)按下式计算：

$$E_n = E_{obs} + E_{nef}$$

式中：E_{obs}为由铂电极-饱和甘汞电极测得氧化还原电位值(Mv)；E_{nef}为t℃时饱和H^-汞电极电位值(mV)，其值随温度变化而变化，在不同温度下饱和甘汞电极电位。

8. 注意事项

(1) 铂电极可用铂片或铂丝电极，铂片电极响应速度快。电极清洗后，不得用手或异物触摸，以免沾污。

(2) 测完一个样品后，必须用纯水充分冲洗电极。测试时，待数值稳定后再读数。

(3) 电极表面必须保持清洁光亮。

(4) 测定应尽可能在采样现场进行，并注意防止空气侵入影响氧化还原电位。

9. 考核要求

见表8.10。

表8.10 考 核 表

序号	考核内容	分数	评分标准	考核记录	扣分	得分
1	去离子水的制备	10	出现一次操作错误扣5分			
2	铂电极的检查和校正	40	出现一次操作错误扣5分			
3	样品测定	50	出现一次操作错误扣5分			
4	分数总计	100				

任务 8.9　水中总大肠菌群的测定

1. 实训学时

4。

2. 主要内容和目的

总大肠菌群是指那些能在 37℃，48h 之内发酵乳糖产酸产气的、需氧及兼性厌氧的革兰氏阴性的无芽孢杆菌。主要包括有埃希氏菌属、柠檬酸杆菌属、肠杆菌属、克雷佑氏菌属等菌属的细菌。

总大肠菌群的检验方法中，多管发酵法可适用于各种水样（包括底泥），但操作较繁，要时间较长；滤膜法主要适用于杂质较少的水样，操作简单快速。

如果是使用滤膜法，则总大肠菌群可重新定义为：所有能在含乳糖的远腾氏培养基上，于 37℃、24h 之内生长出带有金属光泽暗色菌落的、需氧的和兼性厌氧的革兰氏阴性的无芽孢杆菌。

粪便中存在有大量的大肠菌群（califormgroup）细菌，在水体中存活的时间和对氯的抵抗力等与肠道致病菌，如沙门氏菌、志贺氏菌等相似。因此将总大肠菌群作为水体受粪便污染的指示菌是合适的。但在某些水质条件下，大肠菌群细菌在水中能自行繁殖，这是不利之处。

3. 原理

多管发酵是根据大肠菌群细菌能发酵乳糖、产酸产气以及具备革兰氏染色阴性、无芽孢、呈杆状等有关特性，通过三个步骤进行检验，以求得水样中的总大肠菌群数。

多管发酵法是以最可能数（mostprobablenumber）简称 MPN 来表示试验结果的。实际上它是根据统计学理论，估计水体中的大肠杆菌密度和卫生质量的一种方法。如果从理论上考虑，并且进行大量的重复检定，可以发现这种估计有大于实际数字的倾向。不过只要每一稀释度试管重复数目增加，这种差异便会减少，对于细菌含量的估计值，大部分取决于那些既显示阳性又显示阴性的稀释度。因此在实验设计上，水样检验所要求重复的数日，要根据所要求数据的准确度而定。

4. 培养基

（1）乳糖蛋白胨培养液。

（2）三倍乳糖蛋自陈培养液。

（3）品红亚硫酸钠培养基。

（4）伊红美蓝培养基。

5. 步骤

（1）生活饮用水。

1）初发酵试验：在两个装有已灭菌的 50mL 倍浓缩乳糖蛋白胨培养液的大试管或烧瓶中（内有倒管），以无菌操作各加入已充分混匀的水样 100mL；在 10 支装有已灭菌的 5mL 三倍浓缩乳糖蛋白胨培养液的试管中（内有倒管），以无菌操作加入充分混匀的水样 10mL，混匀后置于 37℃恒温箱培养 24h。

2）平板分离：经初发酵试验培养24h后。发酵试管颜色变黄为产酸，小玻璃倒管内有气泡为产气，将产酸产气发酵管，分别用接种环划线接种于品红亚硫酸钠培养基或伊红美蓝培养基上，置37℃恒温箱内培养18～24h，挑选符合下列特征的菌落，取苗落的一小部分进行涂片、革兰氏染色、镜检。

品红亚硫酸钠培养基上的菌落：

紫红色，具有金属光泽的菌落；

深红色，不带或略带金属光泽的菌落；

淡红色，中心色较深的菌落。

伊红美兰培养基上的菌落：

深紫黑色，具有金属光泽的菌落；

紫黑色，不带或略带金属光泽的菌落；

淡紫红色，中心色较深的菌落。

3）复发酵试验：上述涂片镜检的菌落如为革兰氏阴性无芽孢的杆菌，则挑选该菌落的另一部分接种于普通浓度乳糖蛋白胨培养液中（内有倒管），每管可接种分离自同一初发酵管（瓶）的最典型菌落1～3个，然后置于37℃恒温箱中培养24h。有产酸产气者，即证实有大肠菌群菌存在。根据证实有大肠菌群存在的阳性管（瓶）数查表8.11，报告每升水中的大肠菌群数。

表8.11　　大肠菌群检数表

（接种水样100mL2份，10mL10份，总量300mL）

10mL水量的阳性管数	100mL水量的阳性瓶数		
	0	1	2
	1L水样中大肠菌群数	1L水样中大肠菌群数	1L水样中大肠菌群数
0	<3	4	11
1	3	8	18
2	7	13	27
3	11	18	38
4	14	24	52
5	18	30	70
6	22	36	92
7	27	43	120
8	31	51	161
9	36	60	230
10	40	69	>230

（2）水源水。

1）将水样作1：10稀释。

2）于各装有5mL三倍浓缩乳糖蛋白胨培养液的五个试管中（内有倒管），各加10mL水样；于各装有10mL乳糖蛋白胨培养液的五个试管中（内有倒管），各加1mL水样；于各装有 1mL 乳糖蛋白胨培养液的五个试管中（内有倒管），各加入 1mL 1：10 稀释的水样。共计 15 管，一个稀释度，将各管充分混匀，置于 37℃恒温箱培养 24h。

3）平板分离和复发酵试验的检验步骤同（1）生活饮用水检验方法。

4）根据证实总大肠菌群存在的阳性管数查表，即求得每 100mL 水样中存在的总大肠菌群数。

（3）地表水和废水。

1）地表水中较清洁水的初发酵试验同步骤（2）水源水检验方法。有严重污染的地表水和废水初发酵试验的接种水样应作 1：10，1：100，1：1000 或更高的稀释，检验步骤同（2）水源水检验方法。

2）如果接种的水样量不足 10mL、1mL、0.1mL，而是较低的或较高的三个浓度的水样量，也可查表求得 MPN 指数，在经下面的公式换算成每 100mL 的 MPN 值。

$$\text{MPN 值}=\text{MPN 指数}\times\frac{10\text{mL}}{\text{接种量最大的一管(mL)}}$$

我国目前 1L 为报告单位，MPN 值再乘 10，即为 1L 水样中的总大肠菌群数。

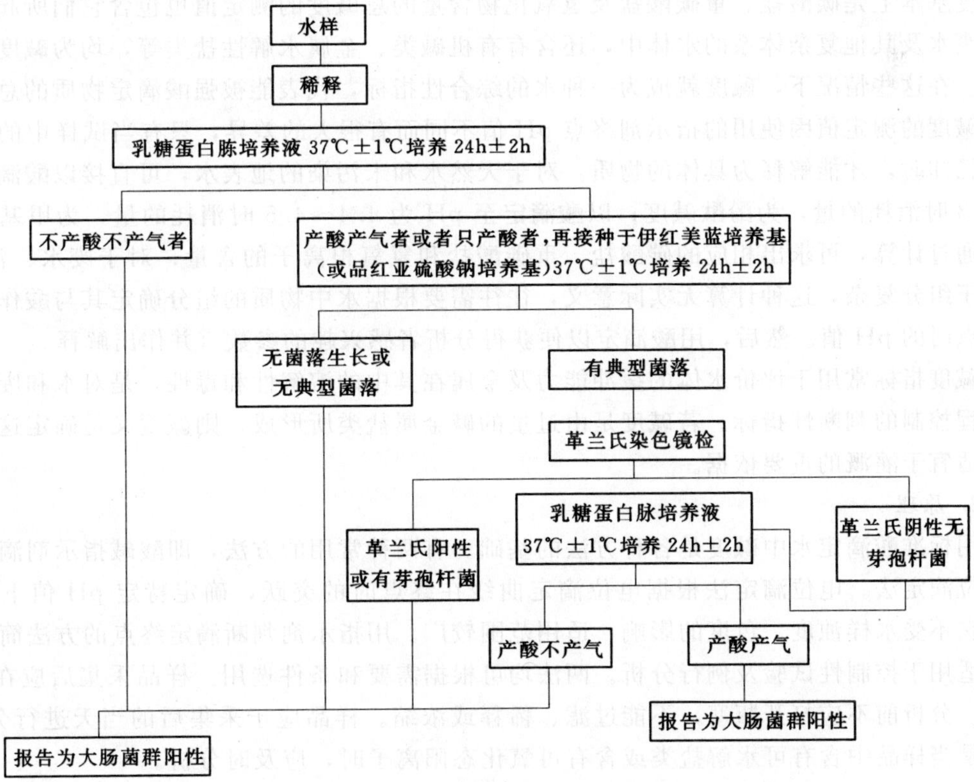

图 8.1　总大肠菌群检验流程图

6. 注意事项

7. 考核要求

8. 配分、评分标准

见表 8.12。

表 8.12 考 核 表

序号	考核内容	分数	评分标准	考核记录	扣分	得分
1	培养基的制备	20	出现一次操作错误扣5分			
2	生活饮用水的测定	40	出现一次操作错误扣5分			
3	水源水的测定	40	出现一次操作错误扣5分			
4	分数总计	100				

任务 8.10 水中碱度的测定

1. 实训课时

3。

2. 实训内容及目的

水的碱度是指水中所含能与强酸定量作用的物质总量。水中碱度的来源较多，地表水的碱度基本上是碳酸盐、重碳酸盐及氢氧化物含量的总碱度的测定值也包含它们所起的作用。废水及其他复杂体系的水体中，还含有有机碱类、金属水解性盐类等，均为碱度组成部分。在这些情况下，碱度就成为一种水的综合性指标，代表能被强酸滴定物质的总和。

碱度的测定值因使用的指示剂终点 pH 值不同而有很大的差异，只有当试样中的化学组成已知时，才能解释为具体的物质。对于天然水和未污染的地表水，可直接以酸滴定至 pH8.3 时消耗的量，为酚酞碱度；以酸滴定至 pH 为 4.4～4.5 时消耗的量，为甲基橙碱度。通过计算，可求出相应的碳酸盐、重碳酸盐和氢氧根离子的含量；对于废水、污水，则由于组分复杂，这种计算无实际意义，往往需要根据水中物质的组分确定其与酸作用达到终点时的 pH 值。然后，用酸滴定以便获得分析者感兴趣的参数，并作出解释。

碱度指标常用于评价水体的缓冲能力及金属在其中的溶解性和毒性，是对水和废水处理过程控制的判断性指标。若碱度是由过量的碱金属盐类所形成，则碱度又是确定这种水是否适宜于灌溉的重要依据。

3. 原理

用标准酸滴定水中碱度是各种方法的基础。有两种常用的方法，即酸碱指示剂滴定法和电位滴定法。电位滴定法根据电位滴定曲线在终点时的突跃，确定特定 pH 值下的碱度，它不受水样浊度、色度的影响，适用范围较广。用指示剂判断滴定终点的方法简便快速，适用于控制性试验及例行分析。两法均可根据需要和条件选用。样品采集后应在 4℃保存，分析前不应打开瓶塞，不能过滤、稀释或浓缩。样品应于采集后的当天进行分析，特别是当样品中含有可水解盐类或含有可氧化态阳离子时，应及时分析。

水样用标准酸溶液滴定至规定的 pH 值，其终点可由加入的酸碱指示剂在该 pH 值时颜色的变化来判断。

当滴定至酚酞指示剂由红色变为无色时，溶液 pH 值即为 8.3，指示水中氢氧根离子（OH^-）已被中和。碳酸盐（CO_3^{2-}）均被转为重碳酸盐（HCO_3^-），反应如下：

$$OH^- + H^+ \rightarrow H_2O$$

$$CO_3^{2-} + H^+ \rightarrow HCO_3^-$$

当滴定至甲基橙指示剂由桔黄色变成桔红色时，溶液的 pH 值为 4.4～4.5，指示水中的重碳酸盐（包括原有的和由碳酸盐转化成的）已被中和，反应如下：

$$HCO_3^- + H^+ \rightarrow H_2O + CO_2\uparrow$$

根据上述两个终点到达时所消耗的盐酸标准滴定溶液的量，可以计算出水中碳酸盐、重碳酸盐及总碱度。

上述计算方法不适用于污水及复杂体系中碳酸盐和重碳酸盐的计算。

4. 干扰及消除

水样浑浊、有色均干扰测定，遇此情况，可用电位滴定法测定。能使指示剂褪色的氧化还原性物质也干扰测定。例如水样中余氯可破坏指示剂（含余氯时，可加入 1～2 滴 0.1mol/L 硫代硫酸钠溶液消除）。

5. 方法的适用范围

此法适用于不含有上述干扰物质的水样。曾取地表水水样 15 个进行测定，浓度范围在 14.0～88.50mol/L 时，相对标准偏差为 0.1%～1.40%；加标回收率为 96.0%～102%。

6. 仪器

(1) 酸式滴定管，25mL。

(2) 锥形瓶，250mL。

7. 试剂

(1) 无二氧化碳水：用于制备标准溶液及稀释用的蒸馏水或去离子水，临用前煮沸 15min，冷却至室温。pH 值应大于 6.0，电导率小于 2uS/cm。

(2) 酚酞指示液：称取 0.5g 酚酞溶于 50mL 95%乙醇中，用水稀释至 100mL。

(3) 甲基橙指示剂：称取 0.05g 甲基橙溶于 100mL 蒸馏水中。

(4) 碳酸钠标准溶液（$1/2Na_2CO_3$ 0.0250mol/L）：称取 1.3249g（于 250℃烘干 4h）的基准试剂无水碳酸钠（Na_2CO_3），溶于少量无二氧化碳水中，移入 1000mL 容量瓶中，用水稀释至标线，摇匀。贮于聚乙烯瓶中，保存时间不要超过一周。

(5) 盐酸标准溶液（0.0250mol/L）：用分度吸管吸取 2.1mL 浓盐酸（p=1.19g/mL），并用蒸馏水稀释至 1000mL，此溶液浓度约为 0.025mol/L。其准确浓度按下法标定：

用无分度吸管吸取 25.00mL 碳酸钠标准溶液于 250mL 锥形瓶中，加无二氧化碳水稀释下约 100mL，加入 3 滴甲基橙指示液，用盐酸标准溶液滴定至由桔黄色刚变成桔红色，记录盐酸标准溶液用量。按下式计算其准确浓度：

$$C = \frac{25.00 \times 0.025}{V}$$

式中：C 为盐酸标准溶液浓度（mol/L）；V 为盐酸标准溶液用量（mL）。

8. 步骤

(1) 分取 100mL 水样于 250mL 锥形瓶中，加入 4 滴酚酞指示剂，摇匀。当溶液呈红色时，用盐酸标准溶液滴定至刚刚褪至无色，记录盐酸标准溶液用量。若加酚酞指示剂后溶液无色，则不需用盐酸标准溶液滴定，并按着进行 (2) 项操作。

(2) 向上述锥形瓶中加入 3 滴甲基橙指示剂，摇匀。继续用盐酸标准溶液滴定至溶液由桔黄色刚刚变为桔红色为止。记录盐酸标准溶液用量。

9. 计算

对于多数天然水样，碱性化合物在水中所产生的碱度，有五种情形。为说明方便，另以酚酞作指示剂时，滴定至颜色变化所消耗盐酸标准溶液的量为 PmL，以甲基橙作指示剂时盐酸标准溶液用量为 MmL，则盐酸标准溶液总消耗量为 $T=M+P$。

第一种情形，$P=T$ 或 $M=0$ 时：

P 代表全部氢氧化物及碳酸盐的一半，由于 $M=0$，表示不含有碳酸盐，亦不含重碳酸盐。因此，$P=T=$ 氢氧化物。

第二种情形，$P>1/2T$ 时：

说明 $M>0$，有碳酸盐存在，且碳酸盐 $=2M=2(T-P)$。而且由于 $P>M$，说明尚有氢氧化物存在氢氧化物 $=T-2(T-P)=2P-T$。

第三种情形，$P=1/2T$，即 $P=M$ 时：

M 代表碳酸盐的一半，说明水中仅有碳酸盐；碳酸盐 $=2P=2M=T$。

第四种情形，$P<1/2T$ 时：

此时，$M>P$，因此 M 除代表由碳酸盐生成的重碳酸盐外．尚有水中原有的重碳酸盐碳酸盐 $=2P$，重碳酸盐 $=T-P$。

第五种情形，$P=0$ 时：

此时，水中只有重碳酸盐存在。重碳酸盐 $=T=M$。

按下述公式计算各种情况下总碱度、碳酸盐、重碳酸盐的含量。

(1) 总碱度(以 CaO 计，mg/L) $=\dfrac{C(P+M)\times 28.04}{V}$

总碱度(以 $CaCO_3$ 计，mgl/L) $=\dfrac{C(P+M)\times 50.05}{V}$

式中：C 为盐酸标准溶液浓度（mol/L）；28.08 为氧化钙（1/2CaO）摩尔质量（g/mol)；50.05 为碳酸钙（$1/2CaCO_3$）摩尔质量（g/mol)。

(2) 当 $P=T$ 时，$M=0$

碳酸盐（CO_3^{2-}）$=0$

重碳酸盐 $=$（HCO_3^-）$=0$

(3) 当 $P>1/2T$ 时，

碳酸盐碱度（以 CaO 计，mg/L) $=\dfrac{C(T-P)\times 28.04}{V}\times 1000$

碳酸盐碱度（以 $CaCO_3$ 计，mg/L) $=\dfrac{C(T-P)\times 50.05}{V}\times 1000$

碳酸盐碱度（$1/2CO_3^{2-}$，mol/L) $=\dfrac{C(T-P)}{V}\times 1000$

重碳酸盐（HCO_3^-）$=0$

(4) 当 $P=1/2T$ 时，$P=M$

碳酸盐碱度（以 CaO 计，mg/L) $=\dfrac{CP\times 28.04}{V}\times 1000$

碳酸盐碱度（以 $CaCO_3$ 计，mg/L) $=\dfrac{CP\times 50.05}{V}\times 1000$

碳酸盐碱度（$1/2CO_3^{2-}$ mol/L）$=\frac{CP}{V}\times 1000$

重碳酸盐（HCO_3^-）$=0$

（5）当 $P<1/2T$ 时，

碳酸盐碱度（以 CaO 计，mg/L）$=\frac{CP\times 28.04}{V}\times 1000$

碳酸盐碱度（以 $CaCO_3$，mg/L）$=\frac{CP\times 50.05}{V}\times 1000$

碳酸盐碱度（$1/2CO_3$，mol/L）$=\frac{CP}{V}\times 1000$

重碳酸盐碱度（以 GaO 计，mg/L）$=\frac{C(T-2P)\times 28.04}{V}\times 1000$

重碳酸盐碱度（以 $CaCO_3$ 计，mg/L）$=\frac{C(T-2P)\times 50.05}{V}\times 1000$

重碳酸盐碱度（HCO_3^-，mol/L）$=\frac{C(T-2P)}{V}\times 1000$

（6）当 $P=0$ 时，

碳酸盐（CO_3^{2-}）$=0$

重碳酸盐碱度（以 CaO 计，mg/L）$=\frac{CM\times 28.04}{V}\times 1000$

重碳酸盐碱度（以 $CaCO_3$ 计，mg/L）$=\frac{CM\times 50.05}{V}\times 1000$

重碳酸盐碱度（HCO_3^-，mol/L）$=\frac{CM}{V}\times 1000$

10. 精密度和准确度

五个实验室对人工配制的统一标样进行方法验证的结果如下：在 HCO_3^- 含量为 43.50mg/L 时，总碱度的室内相对标准偏差为 0.71%；室间相对标准偏差为 1.46%；相对误差为 0.75%；加标回收率为 99.6%±7.5%。

11. 注意事项

（1）若水样中含有游离二氧化碳，则不存在碳酸盐，可直接以甲基橙作指示剂进行滴定。

（2）当水样中总碱度小于 20mg/L 时，可改用 0.01mol/L 酸标准溶液滴定，或改用 10mL 容量的微量滴定管，以提高测定精度。

12. 考核要求

13. 配分、评分标准

见表 8.13。

表 8.13 考核表

序号	考核内容	分数	评分标准	考核记录	扣分	得分
1	样品保存	10	出现一次操作错误扣 5 分			
2	酸碱指示剂滴定	40	出现一次操作错误扣 5 分			
3	样品测定	50	出现一次操作错误扣 5 分			
4	分数总计	100				

参　考　文　献

［1］《水和废水监测分析方法》编委会．水和废水监测分析方法［M］．第4版．北京：中国环境出版社，2006.
［2］费学宁，现代水质监测分析技术［M］．北京：化学工业出版社，2005.
［3］仇雁翎．陈玲，赵建夫．饮用水水质监测与分析［M］．北京：化学工业出版社，2005.
［4］王萍．水分析技术［M］．北京：中国建筑工业出版社，2003.
［5］辛仁轩．等离子体发射光谱分析［M］．北京：化学工业出版社，2005.
［6］许金钩，王尊本．荧光分析法［M］．北京：科学出版社，2006.
［7］陈剑虹．环境工程微生物学［M］．武汉：武汉理工大学出版社，2003.
［8］国家环境保护局《指南》编写组．环境监测机构计量认证和创建优质实验室指南［M］．北京：中国环境科学出版社，1994.
［9］中国环境监测总站．环境水质临测质量保证手册［M］．北京：化学工业出版社，1984.
［10］王英健，杨永红．环境监测［M］．北京：化学工业出版社．2008.